机器视觉技术

主　编◎程光
副主编◎李一男

本书介绍了机器视觉技术常用的处理平台及软件操作方法，主要内容包括：机器视觉概述，机器视觉系统构成，NI 视觉平台的搭建，LabVIEW 编程环境与基本操作，LabVIEW 编程结构，LabVIEW 数组、簇、图形编程，字符串、文件输入输出和属性节点编程，图像的采集保存与读取，相机标定，图像处理，视觉分拣，基于 OpenCV 的视觉分拣等。本书内容浅显易懂，符合学习认知规律。

本书是机器视觉技术方面的专著，也可作为普通本科、高职高专院校自动化技术、计算机技术相关专业的教学用书，也可供从事相关行业的技术人员参考。

图书在版编目（CIP）数据

机器视觉技术 / 程光主编. —北京：机械工业出版社，2019.7（2024.1 重印）
ISBN 978-7-111-62394-6

Ⅰ.①机… Ⅱ.①程… Ⅲ.①计算机视觉 Ⅳ.①TP302.7

中国版本图书馆 CIP 数据核字（2019）第 058749 号

机械工业出版社（北京市百万庄大街 22 号 邮政编码 100037）
策划编辑：陈玉芝 责任编辑：陈玉芝
责任校对：佟瑞鑫 封面设计：马精明
责任印制：常天培
北京中科印刷有限公司印刷

2024 年 1 月第 1 版 · 第 5 次印刷
184mm×260mm · 10.5 印张 · 193 千字
标准书号：ISBN 978-7-111-62394-6
定价：49.80 元

凡购本书，如有缺页、倒页、脱页，由本社发行部调换

电话服务
服务咨询热线：010-88369833
读者购书热线：010-68326294

网络服务
机 工 官 网：www.cmpbook.com
机 工 官 博：weibo.com/cmp1952
教育服务网：www.cmpedu.com
金 书 网：www.golden-book.com

序

>>>

随着工业 4.0 浪潮袭来，机器视觉会摆脱最初“辅助工具”的地位，成为生产系统的“眼睛”与“大脑”。目前，机器视觉技术在发达国家已发展成熟，行业进入稳定增长期。

机器视觉技术，是一门涉及人工智能、神经生物学、心理物理学、计算机科学、图像处理和模式识别等诸多领域的交叉学科。机器视觉技术主要用计算机来模拟人的视觉功能，从客观事物的图像中提取信息，进行处理并加以理解，最终用于实际检测、测量和控制。机器视觉技术最大的特点是速度快、信息量大、功能多。机器视觉技术的引入，代替了传统的人工检测方法，极大地提高了投放市场的产品质量，提高了生产效率。由于机器视觉系统可以快速获取大量信息，而且易于自动处理，也易于同设计信息以及加工控制信息集成，因此，在现代自动化生产过程中，人们将机器视觉系统广泛用于工况监视、成品检验和质量控制等领域。机器视觉系统的特点是可提高生产的柔性和自动化程度。在一些不适合于人工作业的危险工作环境或人工视觉难以满足要求的场合，常用机器视觉来替代人工视觉。同时，在大批量工业生产过程中，用人工视觉检查产品质量的效率低且精度不高，而用机器视觉检测方法可以大大提高生产效率和生产的自动化程度。此外，机器视觉技术易于实现信息集成，是实现计算机集成制造的基础技术。

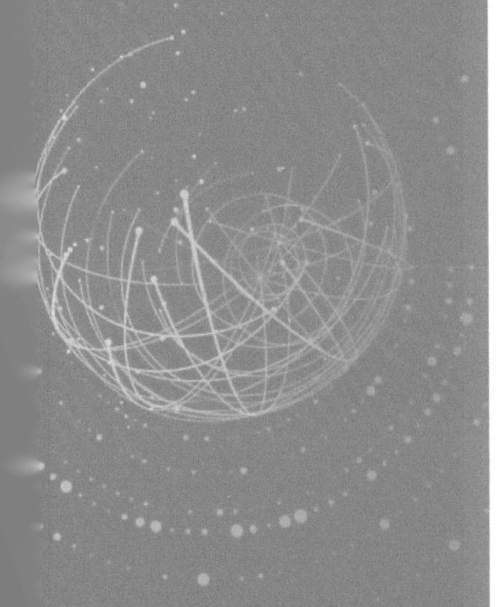

当前，机器视觉技术与产业的发展趋势主要表现为标准化、模块化、小型化、网络化和智能化等。这一技术的发展依赖于这些相关学科的发展和进步，更依赖于掌握相关技术的高层次人才，其中对推动机器

视觉技术高速发展的人才需求更加迫切。

如今市场上有许多关于机器视觉方面的书籍，出现了欣欣向荣的景象，使学习、应用、研究机器视觉技术的读者受益匪浅。目前市场上有关机器视觉技术的书籍主要分为两类：一类是各相机生产厂家的开发指导说明书，种类繁多，许多是针对自家产品的图像处理开发软件，一般不能通用；另一类是偏于理论与算法研究的图像处理书籍，内容过于学术化，缺乏案例指导与实践。这两类书籍对于想要从事机器视觉工作的读者来说都不太实用。因此，出版一本内容相对全面系统，且针对零基础学习者使用的机器视觉技术图书已成为当务之急。

本书以机器视觉技术人才培养为核心，以实际应用为主导思想，详细介绍了机器视觉系统的构成及项目开发。本书图文并茂、言简意赅，深入浅出地介绍了机器视觉硬件、常用开发平台及工具包、图像的采集与保存、NI VISION 的图像处理包、相机标定、视觉分拣等应用知识。本书打破了传统理论教学与实践教学的界限，将知识点和技能点融入具体的案例中，采用工学结合、案例引导、“教学与实践”一体化的教学模式，旨在全面培养读者的应用能力与创新思维，使读者所学即所用，特别适合作为高职高专院校机器视觉技术课程的入门教材。

希望广大读者能够通过对本书的学习、思考与实践，从容应对各类机器视觉岗位的要求。

北京航空航天大学　王田苗

前　言

>>>

机器视觉，就是用机器代替人眼，来做测量和判断。本质上，机器视觉是图像分析技术在工厂自动化中的应用，即通过使用光学系统、工业数字相机和图像处理工具，来模拟人的视觉能力，并做出相应的决策，最终通过指挥某种特定装置执行这些决策。

伴随着人工智能产业升温，机器视觉行业有望迈向新的发展阶段，市场规模将加速扩大。乐观预计，未来几年，机器视觉行业市场规模年均增长率可维持在30%左右，到2021年，我国市场规模将超过100亿元，前景广阔。

我国高等院校、研究所和企业近两年在图像和机器视觉技术领域进行了积极思索和大胆尝试，更多地开始了工业现场的应用，主要包括电子、汽车、制药、印刷等领域。在可见的未来，我国对机器视觉这种智能化终端设备的使用量将呈指数级增长，这些设备的投入使用将给生产现场的技术人员提出新的技术要求和挑战。

机器视觉技术是一门交叉程度非常高的学科，涉及工程数学、物理光学、计算机科学等诸多专业，并且视觉的开发平台和图像处理包种类繁多。虽然市面上有大量机器视觉技术方面的书籍，但缺少一本系统的、适合初学者学习的教材。因此，开发适合职业教育特点的教材是当前开展机器视觉技术专业人才培养急需解决的问题。本书将机器视觉系统的硬件构成、机器视觉开发软件及工具包、图像处理及算法、应用场景融合在一起，帮助初学者快速入门并开发自己的项目。

本书由中国电子学会嵌入式系统与机器人分会策划，由北京联合大学机器人学院和北京博创智联科技有限公司联合编写。中国电子学会嵌入式系统与机器人分会一直从事机器人普及推广工作，具有丰富的产学研资源。北京博创智联科技有限公司依托北京航空航天大学，多年来在教育机器人、医疗机器人、娱乐机器人等方面形成了深厚的技术积淀，得到了业界一致认可。北京博创智联科技有限公司拥有成熟的工业机器人教学体系和教学设备，以校企结合的方式，保证了教材的专业性与合理性。本书第1章和第2章介绍了机器视觉的基础和系统构成，第3章至第7章介绍了机器视觉开发平台（图形化语言软件LabVIEW）的应用，第8章至第11章为机器视觉技术应用案例，第12章为VS平台下基于OpenCV的视觉分拣。机器视觉设备由北京博创智联科技有限公司提供。

本书由程光任主编，李一男任副主编，司林林参与编写。

由于编者水平有限，书中难免存在不足之处，欢迎广大读者提出宝贵意见和建议。

编者

目 录

Contents

第1章　机器视觉概述

Chapter One

1.1　机器视觉的概念

机器视觉是通过光学装置和非接触式传感器自动接收并处理一个真实物体的图像，以获得所需信息或用于控制机器人运动的技术。通俗地说，机器视觉就是用机器代替人眼，来做测量和判断。本质上，机器视觉是图像分析技术在工厂自动化中的应用，通过使用光学系统、工业数字相机和图像处理工具，来模拟人的视觉能力并做出相应决策，最终通过指挥某种特定装置执行这些决策。机器视觉系统如图 1－1 所示。

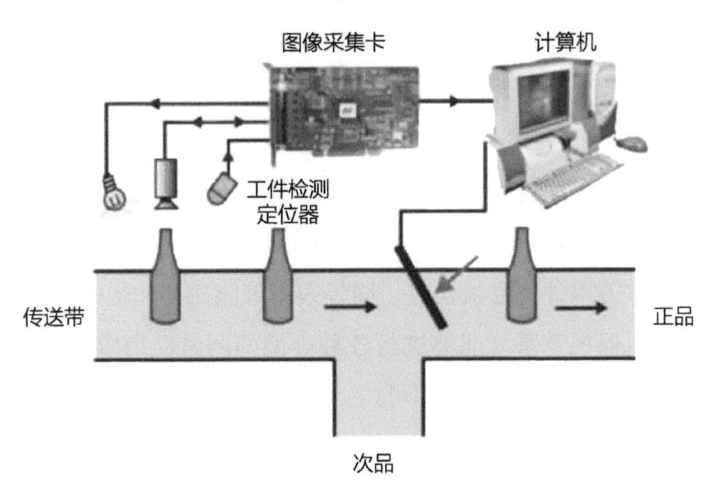

图1－1　机器视觉系统

一个功能完善的机器视觉系统是经过细致工程处理来满足一系列明确要求的系统。在现代工业自动化生产过程中，机器视觉已经开始慢慢取代人工视觉，尤其在工况检测、成品检验、质量控制等领域应用广泛。随着工业 4.0 时代的到来，这一趋势将是不可逆转的。

1.2 机器视觉的优点

（1）精度高　设计优秀的机器视觉系统能够对成百上千个部件中的一个进行空间测量。因为此种测量不需要直接接触，所以对脆弱部件没有磨损和危害。随着数码相机的发展，像素分辨率越来越高，因此视觉系统可以达到非常高的测量精度，如很多应用可以将精度提高到 0.1μm 数量级。

（2）连续性　机器视觉系统可以解放劳动力，机器不需要休息，因此其可以连续工作。

（3）稳定性　机器视觉测量是无人操作的，因此也就没有人为误判，所以对被测产品不会造成漏检和误检。当然，中间会有一些临界值，可能会因测量的影响而有一定的变化，但这是所有测量中都会出现的问题。在实际生产中，可以将测量标准设置得严格一些，至少保证检测出的所有合格产品都是合格的，而不合格的产品可以通过多次检测来判断其是否合格。

（4）性价比高　随着计算机处理器价格的大幅下降，机器视觉系统性价比也变得越来越高。例如，一台价值 10 万元人民币的机器视觉尺寸测量设备可以替代 10 个人工检测者，而每个检测者人工成本每年至少需要 3 万元人民币。随着我国人工成本逐年上升，机器的价值将会得到更大的体现。另外，机器视觉系统的操作和维护费用也非常低。

（5）生产效率高　机器视觉系统每秒钟可以检测几十个产品，这样的速度仅凭人力难以实现。例如一台编带机检查设备，每分钟可以检查 1000 多个元件的方向是否正确，1h 之内将会有 6 万多件产品被检查，同等效率可能需要几十或几百人才能实现。

（6）灵活性　机器视觉系统能够进行各种类型的测量。当应用变化后，只需将软件做相应变化或者升级以适应新需求即可。

1.3 我国机器视觉的发展

我国机器视觉真正开始起步是在 20 世纪 80 年代，20 世纪 90 年代进入发展期，高速发展则是近几年的事情。我国正在成为世界机器视觉发展较活跃的地区之一，最主要的原因是我国已经成为全球的加工中心，国外许多先进生产线已经或正在转移到我国，许多具有国际先进水平的机器视觉系统也随之进入我国。对这些机器视觉系统的维护和提升而产生的市场需求也将国际机器视觉企业吸引到我国，我国的机器视觉企业在与国际机器视觉企业的学习与竞争中不断成长。

（1）1990 年以前　我国仅仅在大学和研究所中有一些研究图像处理和模式识别的实验室。

（2）1990—1998 年为初级阶段　一些来自研究机构的工程师成立了他们自己的机器视觉公司，开发了第一代图像处理产品，例如基于 ISA 总线的灰度级图像采集卡和一些简单的图像处理软件库，他们的产品在大学实验室和一些工业场合得到了应用，实现一些基本的图像处理和分析工作。这一期间真正的机器视觉市场销售额微乎其微，主要的国际机器视觉厂商还没有进入我国市场。自从 1998 年，越来越多的电子和半导体工厂落户华南和华东地区，带有机器视觉的整套生产线和高级设备被引入我国。

（3）1998—2002 年为机器视觉概念的引入期　在此阶段，许多著名视觉设备供应商如 MATSUSHITA，OMRON，COGNEX，DVT，CCS，DATA TRANSLATION，MATRIX，CORECO 开始接触我国市场寻求合作伙伴。

（4）第三阶段从 2002 年至今，为机器视觉发展期　从下面几点我们可以看到我国机器视觉的快速增长趋势。

1）在各个行业，越来越多的客户开始寻求机器视觉检测方案，机器视觉可以解决精确的测量问题和更好地提高产品质量，一些客户甚至建立了自己的机器视觉部门。

2）越来越多的公司开始在业务中引入机器视觉，例如普通工控产品代理商、自动化系统集成商、新的视觉公司等。资深机器视觉工程师和实际项目经验的缺乏是这些公司面临的最主要问题。

3）一些有几年实际经验的公司逐渐明确自身定位以便更好地发展机器视觉业务。这些公司或者继续提高采集卡、图像软件开发能力，或者试图成为提供工业现场方案或机器视觉检查设备的领袖厂商。

4）许多跨国公司开始在我国建立自己的分支机构，来管理关键的客户以及向合作伙伴提供技术和商务支持。

未来机器视觉的发展将呈现以下趋势。

1）技术方面的趋势是数字化、实时化和智能化。图像采集与传输的数字化是机器视觉在技术方面发展的必然趋势。更多的数字摄像机，更宽的图像数据传输带宽，更高的图像处理速度，以及更先进的图像处理算法将会推出并得到更广泛的应用。

2）智能摄像机将会占据市场主要地位。智能摄像机具有体积小、价格低、使用安装方便和用户二次开发周期短的优点，非常适合生产线安装使用，且其采用的许多部件与技术都来自 IT 行业，价格还会不断降低。

另外，机器视觉传感器会逐渐发展成为光电传感器中的重要产品。目前许多国际著名的光电传感器生产企业，如 KEYENCE，OMRON，BANNER 等都将机器视觉传感器作为新型光电传感器来发展与推广。

3）市场份额迅速扩大。一方面，已经采用机器视觉产品的应用领域，对机器视觉产品的的依赖性将变得更强；另一方面，机器视觉产品将应用到其他更广泛的领域。

4）行业发展更加迅速。专业性公司增多，投资和从业人员增加，竞争加剧是机器视觉行业未来的发展趋势。机器视觉行业作为一个新兴的行业将逐步发展成熟，越来越受到人们的重视。

1.4 机器视觉的应用领域

机器视觉系统是实现仪器设备精密控制、智能化、自动化的有效途径，堪称现代工业生产的“机器眼睛”。其优点包括：实现非接触测量，对观测与被观测者都不会产生任何损伤，可靠性较高；具有较宽的光谱响应范围，可以利用专用光敏元器件观察到人类无法看到的世界，从而扩展了人类的视觉范围；可以长时间工作，人类难以长时间地对同一对象进行观测，而机器视觉系统可以长时间地执行观测、分析与识别任务，并可应用于恶劣的工作环境。

最初，机器视觉多用于电子及半导体行业，因为半导体行业的诸如锡膏印刷机、贴片机、AOI 检测机这类设备必须使用高性能机器视觉组件。

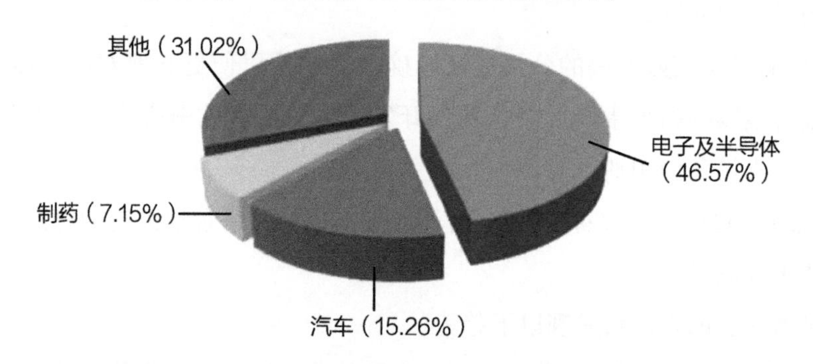

图1－2　机器视觉应用领域分布

随着我国制造业的蓬勃发展，机器视觉行业也在我国经历了发展的初始阶段，其应用范围逐渐扩大，由起初的电子及半导体领域，发展到了汽车、制药、包装、印刷、烟草、医疗、ITS（Intelligent Transport System，智能交通系统）、安防、物流、机器人、纺织和五金加工等多个领域，如图 1－2 所示。它主要提供产品尺寸测量、角度测量、表面检测、纹理分析、定位导航、OCR/OCV、条码识别、数据读取、存在性、颜色分析与识别等。

目前，机器视觉最大的应用领域仍然是电子及半导体领域，如图 1－3 所示。

在高性能、精密的专业设备制造领域机器视觉应用也十分广泛，比较典型的是国际范围内最早带动整个机器视觉行业崛起的半导体行业，从上游晶圆加工制造的分类切割，到末端电路板印刷、贴片，都依赖于高精度的机器视觉测量对运动部件的引导和定位。在国际市场上，半导体制造行业对机器视觉的需求占全行业市场需求的 40% ~50% 。

在电子制造领域，小到电容器、连接器等元器件，大到手机键盘、计算机主板、硬盘，几乎各个环节都能看到机器视觉系统的身影。机器视觉按应用功能划分，主要包括四个方面：测量、检测、识别和定位。在检测环节中，3C（计算机、通信和消费类电子的简称）自动化设备应用程度最高，有 70% 的机器视觉单元应用在该环节，可以快速检测排线的顺序正误，电子元器件是否错装漏装，接插件及电池尺寸是否合规等。

具体来看，机器视觉在电子制造领域的应用主要是引导机器人进行高精度 PCB（Printed Circuit Board，印制电路板）定位和 SMT（Surface Mount Technology，表面贴装技术）元器件放置，还有表面检测，主要应用在 PCB、电子封装、丝网印刷、SPI（Serial Peripheral Interface，串行外设接口）锡膏检测、回流焊和波峰焊等。

在汽车领域，机器视觉主要进行装配的在线检测和零部件的离线检测，还有表面检测，比如面板印刷质量检测、字符检测、精密测量、工件表面缺陷检测以及自有曲面检测等。图 1－4 所示为机器视觉对轮胎的检测。

图1－3　机器视觉在半导体领域的应用

图1－4　机器视觉检测轮胎

第 2 章　机器视觉系统构成

Chapter Two

2.1　机器视觉系统

机器视觉系统用计算机来分析一个图像，并根据分析得出结论，然后给出下一步工作指令。通常机器视觉系统由如下的子系统或其中部分子系统构成：传感器检测系统、光源系统、光学系统（镜头）、采集系统（相机）、图像处理系统（软件）、图像测控系统（控制软件、运动控制等）、监视系统、通信/输入输出系统、执行系统和警报系统等，如图 2－1 所示。

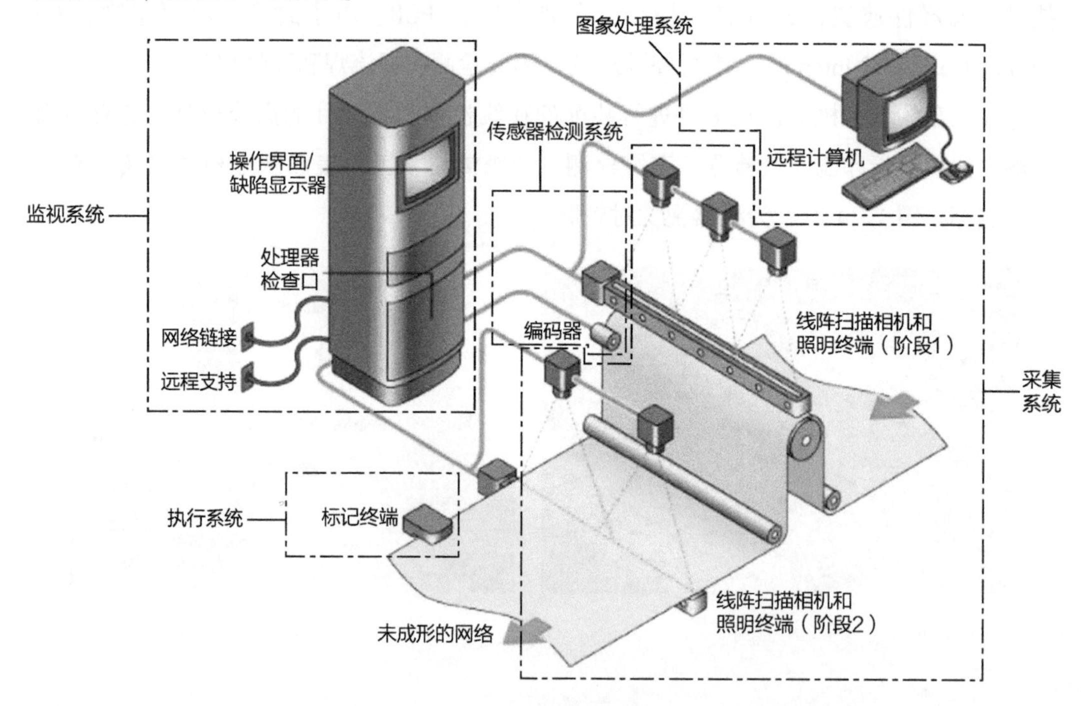

图2－1　机器视觉系统

机器视觉系统具体可分解成产品群。

1）传感器检测系统：传感器以及其配套使用的传感控制器等。

2）光源系统：光源及其配套使用的光源控制器等。

3）光学系统：镜头、滤镜、光学接口等。

4）采集系统：数码相机、CCD（Charge-coupled Device，电荷耦合元件）、CMOS（Complementary Metal Oxide Semiconductor，互补金属氧化物半导体）、红外相机、超声波探头、图像采集卡和数据控制卡等。

5）图像处理系统：图像处理软件、计算机视觉系统等。

6）图像测控系统：控制软件、运动控制等图像测试控制辅助软件。

7）监视系统：监视器、指示灯等。

8）通信/输入输出系统：通信链路或输入输出设备。

9）执行系统：机械手及控制单元。

10）警报系统：警报设备及控制单元。

这些产品群中具有机器视觉系统产品典型特征的是：光源、镜头、相机、图像采集卡、数据控制卡各类软件和机械手等。

2.2 工业相机

工业相机是机器视觉系统中的一个关键组件，其最基本的功能就是将光信号转变成有序的电信号，如图 2－2 所示。选择合适的相机也是机器视觉系统设计中的一个重要环节。相机的选择不仅直接决定所采集到的图像分辨率、质量等，也与整个系统的运行模式直接相关。

图2－2　工业相机

2.2.1　工业相机概述

工业相机又称为摄像机，相比于大部分民用相机而言，它具有更高的图像稳定性、更快的传输速度和更强的抗干扰能力等。市面上的工业相机大多是基于 CCD 或 CMOS

芯片的相机。

CCD 是目前机器视觉最常用的图像传感器。它集光电转换及电荷存储、电荷转移、信号读取于一体，是典型的固体成像器件。CCD 的突出特点是以电荷作为信号，而不同于其他器件以电流或者电压为信号。这类成像器件通过光电转换形成电荷包，然后在驱动脉冲的作用下转移、放大并输出图像信号。典型的 CCD 相机由光学镜头、时序及同步信号发生器、垂直驱动器、模拟/数字信号处理电路组成。CCD 作为一种功能器件，与真空管相比，具有无灼伤、无滞后、低工作电压、低功耗等优点。

CMOS 图像传感器的开发最早出现在 20 世纪 70 年代初，到了 90 年代初期，随着 VLSI（Very Large Scale Intergrated Circuites）超大规模集成电路制造工艺技术的发展，CMOS 图像传感器得到迅速发展。CMOS 图像传感器将光敏元阵列、图像信号放大器、信号读取电路、模－数转换电路、图像信号处理器及控制器集成在一块芯片上，还具有局部像素的编程随机访问的优点。CMOS 图像传感器以其良好的集成性、低功耗、高速传输和宽动态范围等特点在高分辨率和高速场合得到了广泛应用。

2.2.2 相机成像流程

相机的成像流程大致为：检查目标发射或反射的光线，经镜头后照射在感光传感器上（通常为 CCD 或 CMOS）产生模拟电流信号，此信号经过模－数转换器转换成数字信号，然后传递给图像处理器 DSP，得到图像（可以压缩或输出 RAW 数据），最后图像存储到存储器或通过输出接口传递到图像采集卡，传入计算机中，以方便图像处理程序分析图像，如图 2－3 所示。

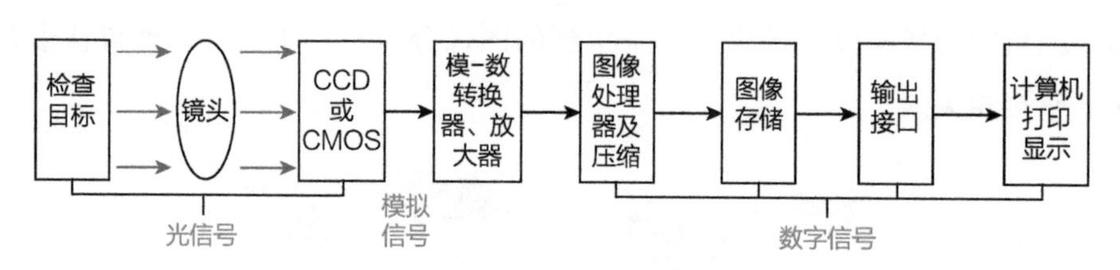

图 2－3 相机成像流程

2.2.3 工业相机的分类

（1）按照信号格式划分 相机可以分为模拟相机与数字相机。

1）模拟相机。按照其输出的制式不同，又可以分为 PAL（Phase Alteration Line，简称 P 制）和 NTSC 制（National Television Standards Committee，简称 N 制）。P 制与 N 制是针对彩色相机而言的。而对于黑白模拟相机，则 PAL 对应的是 CCIR（Consultative

Committee of International Radio)，NTSC 对应的是 EIA（Electronic Industries Association)。使用模拟相机，一般来讲是必须搭配模拟采集卡的，因为一般的计算机上是没有模拟采集接口的。模拟相机在早期的相机中比较常用，而目前模拟相机的使用越来越少了，许多厂商甚至已经停产。

2）数字相机。与模拟相机相对的就是数字相机。目前机器视觉行业，或者说使用相机的摄影、摄像领域，基本上都是使用数字相机。其最典型的特征即输出的信号是数字形式的。因此，如果计算机、显示器等与相机的输出接口有相应的接口，则可以直接使用，如果没有则需要添加一块图像采集卡。

（2）按照像素排列方式划分　相机可以分为面阵相机与线阵相机。

1）面阵相机。其图像传感器的像素分布区域是一个矩形或正方形，较常见的是矩形传感器，一般宽高比为 4:3，一些新的传感器也有 16:9 或 16:10 的宽高比，也有一些较少见的正方形传感器，即传感器的宽高比为 1:1。面阵相机里有 CMOS 面阵、CCD 面阵、黑白面阵、拜尔面阵、3CCD/CMOS 面阵等类型。

2）线阵相机。顾名思义，其传感器排布成一条线，类似于扫描仪。一般的黑白相机只有 1 行像素。例如，分辨率为 1024 ×1 的线阵相机（1K 的线阵相机)，分辨率为 8192 ×1 的线阵相机（8K 线阵）等。在彩色相机中，则至少需要 2 行以实现拜尔模式，或者是 3 行以实现 3CCD 格式。有些高级的线阵相机，会有 4 行，除了分别感应 RGB 三色外，还会有 1 行像素用于感应其他颜色，如黄色、白色等。面阵相机如果支持 AOI（Automatic Optic Inspection，自动光学检测）功能，只取其中的 1 行，就成为线阵相机了。线阵相机中同样也有 CMOS 线阵、CCD 线阵、黑白线阵、拜尔线阵、3CCD/CMOS 线阵等类型。

（3）按照成像色彩划分　相机可以分为彩色相机与黑白相机。

1）彩色相机。即其图像传感器是彩色图像传感器。一般其成像是彩色图像，但工业相机中的彩色相机很多是可以当成黑白相机使用的，只需要将其色彩模式换成 MONO（monochrome，单色的）即可。彩色相机在机器视觉中使用的相对较少。因为目前大部分的图像处理算法，都是针对黑白相机的，而且使用黑白相机并利用单色光照明，也会得到更好的图像效果。

2）黑白相机。即其图像传感器是黑白图像传感器。其实无论哪种图像传感器，根据上面的相机成像原理可以知道，其内部结构是一样的，只是看其前面是否添加了拜尔滤光片或分光镜，以使其能适用于彩色图像。对于感光元件本身，只能感应光强，而不能感应波长。黑白相机在机器视觉中的应用要更加广泛。

（4）按照数据输出接口划分　相机又可以分为 USB2.0、USB3.0、1394A、1394B、

GigE 和 Camera Link 等类型。

1）USB 2.0 相机。它属于数字照相机的一种，其数据输出接口是 USB2.0 的。这种类型的相机最为常见，而且大部分民用相机、摄像头等的数据输出接口也是 USB 2.0 的。使用 USB 2.0 相机会比较方便，因为一般的计算机都内置了 USB 接口，因此不需要使用额外的采集卡。只有当计算机上的接口不够用时，才会考虑使用扩展卡，而且这种扩展卡成本也非常低。

2）USB3.0 相机。它是 USB2.0 相机的升级，其数据最大传输带宽从 480Mbit/s 提高到 5Gbit/s。目前，大部分计算机厂商生产的新计算机都内置了 USB3.0 接口。而工业相机厂商，也在逐步推广 USB3.0 的相机，但是普及可能还需要一定的时间，因为需要考虑诸如 USB3.0 Vision 标准的支持性、价格、通用性和速度是否真的能够满足要求等。

3）1394A 相机。即使用 1394A 总线传输数据的相机。1394 接口又叫火线（Fireware）接口，也是一种标准的通信总线。1394A 接口相机是工业相机中比较常用的一类相机，因为其传输速度稳定，比 USB2.0 要快。1394A 接口的形状，与大写字母“A”比较类似。

4）1394B 相机。它是 1394A 相机的升级，也是为了解决其传输速度不够的问题。但是 1394B 的升级并不像 USB2.0 升级为 USB3.0 那样可以向下兼容，1394B 相机不能兼容 1394A 相机，因为其接口完全不一样。在选择时，可能需要注意是否有相应的图像采集卡。1394B 的接口形状与大写字母 B 非常类似，因此 1394A 与 1394B 非常容易区分。

5）GigE 相机。即千兆网相机。以前的十兆、百兆网络不是很适用于工业相机，百兆网络仅适用于一些安防监控领域。随着网络的发展，现在的千兆网络就可以胜任工业相机的要求。因此也有很大一部分相机采用千兆网络接口。使用千兆网络接口的相机，需要计算机上配置千兆网卡。现在型号较新的计算机，一般都自带千兆网卡。而一些型号较旧或价格低廉的计算机，则只有百兆网卡，因此如果要使用千兆网相机，需要扩展千兆网接口。使用千兆网相机还有一个好处就是其可以用于笔记本或计算机，实现功能扩展。

6）Camera Link 相机。Camera Link（简称 CL）总线是专门为工业相机数据传输而设计的总线，传输带宽最大可达 680Mbit/s（5440Mbit/s），可以说是目前最快的相机传输接口。因此，在一些高分辨率、高速的相机中，CL 接口的相机应用比较多。如 AVT 的 Bonito 系列工业相机，分辨率为 400 万像素，帧率为 386fps，拥有两个极速 10-tap CL 接口。另外很多线阵相机因为对速率的要求，也使用 CL 接口。CL 工业相机通常需要配置专用的 CL 图像采集卡，价格较昂贵。

2.2.4　工业相机的主要参数

（1）分辨率　分辨率是相机最基本的参数，由相机所采用的芯片分辨率决定，是芯片靶面排列的像元数量。其表示了相机可以分辨目标的细分程度。通常面阵相机的分辨率用水平分辨率和垂直分辨率两个数字表示。例如，1920（H）×1080（V），前面的数字表示每行的像元数量，共有 1920 个像元，即表示了图像有多少列，后面的数字表示像元的行数，即 1080 行。线阵相机的分辨率通常用 K 表示，如 1K（1024）、2K（2048）、4K（4096）等。而面阵相机的分辨率通常表示多少万像素，如 30 万像素（640×480）、130 万像素（1280×960）、500 万像素（2500×2000）等。采集图像时，相机分辨率对图像质量有很大影响。在对同样大的视场（目标范围）成像时，分辨率越高，对细节的展示越明显。

（2）像素深度　即每像素数据的位数，一般常用的是 8bit，对于数字相机一般还会有 10bit、12bit、14bit 等。

（3）最大帧率/行频　相机采集传输图像的速率，对于面阵相机一般为每秒采集的帧数，对于线阵相机为每秒采集的行数。

（4）曝光方式和快门速度　线阵相机都采用逐行曝光的方式，可以选择固定行频和外触发同步的采集方式，曝光时间可以与行周期一致，也可以设定一个固定值；面阵相机有帧曝光、场曝光和滚动行曝光等几种常见方式。数字相机一般都具备外触发采集图像功能，快门速度一般可到 10μs，高速相机还可以更快。

（5）像元尺寸　像元尺寸表示相机中图像传感器的基本单元像元（像素）的尺寸，如 5.2μm×5.2μm。图像传感器像素一般都是正方形的，即长与宽相等，但也有一些传感器的像素是长方形的，因此在计算像素分辨率时需要考虑这些情况。

像元大小在一定程度上可以反映出相机的成像质量。像元越大的，其成像质量通常也越好，因为较大的像元可以获得更大的光通量。所以，如果有两款相机，其成本差不多，分辨率也是一样，其他参数也基本上差不多，而其中一款的是 1/2in 的，其像元为 5μm，而另一款是 1/3in 的，其像元为 3.75μm，那么应该优先选择 1/2in，像元为 5μm 的相机。

（6）信噪比　相机的信噪比（Signal-Noise Ratio，S/N）定义为相机采集图像中信号与噪声的比值。信噪比 S/N＝10×lg（Signal/Noise），其中的信号可以用有效信号的平均灰度值表示，而噪声则可以使用噪声的均方根来表示，值越大越好。信噪比越大，表明系统获得信号抑制噪声的能力越强，抗干扰能力也越强。

（7）**光谱响应特性** 是指该像元传感器对不同光波的敏感特性，一般响应范围是350nm～1000nm。一些相机在靶面前加了一个滤镜，滤除红外线，当系统需要对红外线感光时可去掉该滤镜。

（8）**接口类型** 有CL接口、以太网接口、1394接口和USB接口。

2.2.5 工业相机与普通相机的区别

1）工业相机的性能稳定可靠且易于安装，结构紧凑结实不易损坏，连续工作时间长，可在较差的环境下使用，而普通相机无法做到。

2）工业相机的快门时间非常短，可以抓拍高速运动的物体。例如，把名片贴在电风扇扇叶上，以最大速度旋转，设置合适的快门时间，用工业相机抓拍一张图像，仍能够清晰辨别名片上的字体。

3）工业相机的图像传感器是逐行扫描的，而普通相机的图像传感器是隔行扫描的，逐行扫描的图像传感器生产工艺比较复杂，成品率低，出货量少，世界上只有少数公司能够提供这类产品，例如Dalsa、Sony。

4）工业相机的帧率远远高于普通相机。工业相机每秒可以拍摄十到几百幅的图片，而普通相机每秒只能拍摄两三幅图像，相差较大。

5）工业相机输出的是裸数据，其光谱范围也比较宽，适合进行高质量的图像处理，如机器视觉应用。而普通相机拍摄的图片，其光谱范围只适合人眼视觉，并且经过压缩后，图像质量较差，不利于计算机分析处理。

6）工业相机相对普通相机价格贵很多。

2.2.6 工业相机的选择

作为图像处理、机器视觉、工业自动化应用中的工业相机，与普通的摄像头、数码相机虽然基本原理相同，但是还有一些细节上的不同，需要大家注意其中的关键点，可以减少许多调试、测试时间。

1. 相机分辨率

相机的分辨率=[视场长度（L)/精度]×[视场宽度（W)/精度]。

假如客户的视场是100mm×75mm，精度要求0.05mm，那么相机的像素长为100mm/0.05mm=2000PIX，宽为75mm/0.05mm=1500PIX，也就是需要2000×1500=

3000000 = 300 万像素的相机。

这仅仅只是相机的像素精度，并不代表整个系统的精度就有如此高，还有其他精度也要考虑，如镜头的分辨率、系统的抖动、光源的波长（颜色）、物体本身的特征等。但是相机像素精度一定要高于系统所要求的精度，才有实际的测量意义，亚像素的精度提升在实际测量中并没有太多影响。根据奈奎斯特定理，需要相机分辨率达到系统精度的 2 倍以上，才可以完全地表达测量信息。因此上面的例子，需要做到 4000 × 3000 = 1200 万像素的相机，才会比较准确。如果需要有较好的效果，建议将测量精度提高一个数量级别。如上面的精度要求 0.05mm，那么设计到 0.005mm 的像素精度是比较理想的。当然，很多时候这样的像素精度，相机是很难达到的。如将上面的例子要求的精度从 0.05mm 提高到 0.005mm，那么需要 20000 × 15000 = 300000000 = 30000 万像素的相机，这种分辨率依目前的技术水平是达不到的。因此只能退而求其次，或者使用分割视野的方法进行测量。

2. 颜色

工业相机通常选择黑白相机，只有需要测量彩色图像时才会考虑彩色相机，这是因为在机器视觉中黑白图像的算法本身要多许多，黑白相机使用单色光源成像质量也要比彩色相机使用复合白光更好。

3. 传感器类型

如果拍摄目标是静态的，为了节约成本，可以考虑使用 CMOS 相机；如果拍摄目标是运动的，则应优先考虑 CCD 相机。

4. 传感器尺寸

通常传感器的尺寸与所选择的像素是对应的，如 30 万像素 通常选择 1/3in 的，130 万 ~ 500 万像素选择 1/2in 的，有些 500 万像素也有选择 2/3in 的。如果是同等价位，优先选择传感器尺寸大的。

5. 相机镜头接口

一般的相机都是 C/CS 接口的，需要注意与镜头的对应。如果有其他接口的镜头，也要考虑相机的接口。

6. 相机输出接口

同等价位像素条件下优先选择实际输出速度快的接口类型，如 CL > USB3.0 > GigE > 1394B > 1394A > USB2.0 等。

2.3 工业镜头

镜头的基本功能就是实现光束变换（调制），在机器视觉系统中，镜头的主要作用是将成像目标映射在图像传感器的光敏面上。镜头由多片透镜组成，其质量直接影响成像的优劣，影响算法的实现和效果。合理地选择和安装镜头，是机器视觉系统设计的重要环节。典型工业镜头如图 2－4 所示。

图2－4 工业镜头

2.3.1 工业镜头的主要参数

（1）焦距（Focal Length） 焦距是从镜头的光学中心到成像面上所形成的清晰影像之间的距离。焦距的长短决定着视角的大小，焦距短，视角大，观察范围大；焦距长，视角小，观察范围小。根据焦距能否调节，镜头可分为定焦镜头和变焦镜头两大类。

（2）光圈（Iris） 光圈用 F 表示，以镜头焦距 f 和通光孔径 D 的比值来衡量。每个镜头上都标有最大 F 值，例如 8mm /F1.4 代表最大孔径为 5.7mm 。F 值越小，光圈越大；F 值越大，光圈越小。

（3）对应最大 CCD 尺寸（Sensor Size） 镜头成像直径可覆盖的最大 CCD 尺寸主要有 1/2in、2/3in、1in 及以上。

（4）接口（Mount） 镜头与相机的连接方式，常用的包括 C、CS、F 等。

（5）景深（Depth of Field，DOF） 景深是指在被摄物体聚焦清楚后，在物体前后一定距离内，其影像仍然清晰的范围。景深随镜头的光圈值、焦距、拍摄距离而变化。光圈越大，景深越小；光圈越小、景深越大。焦距越长，景深越小；焦距越短，景深越大。距离被拍摄体越近时，景深越小；距离被拍摄体越远时，景深越大。

（6）分辨率（Resolution） 分辨率代表镜头记录物体细节的能力，以每毫米里面能够分辨黑白线对的数量为计量单位：“线对/毫米”（lp/mm）。分辨率越高的镜头成像越清晰。

（7）工作距离（Working Distance，WD） 镜头第一个工作面到被测物体的距离。

（8）视野范围（Field of View，FOV） 相机实际拍到区域的尺寸。

2.3.2　工业镜头的选择

1）选择镜头接口和最大CCD尺寸。镜头接口只要可跟相机接口匹配安装或可通过外加转换口匹配安装就行；镜头可支持的最大CCD尺寸应不小于选配相机的CCD尺寸。

2）选择镜头焦距。如图2－5所示，在已知相机CCD尺寸（S）、工作距离（WD）和视野（FOV）的情况下，可以计算出所需镜头的焦距（f）。

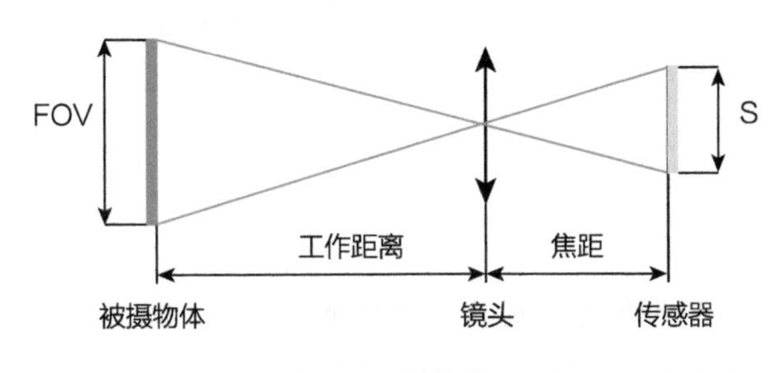

图2－5　镜头焦距

3）选择镜头光圈。镜头的光圈大小决定图像的亮度，在拍摄高速运动的物体及曝光时间很短的应用中，应该选用大光圈镜头，以提高图像亮度。

2.4　光源

机器视觉系统的核心是图像采集和处理。所有信息均来源于图像之中，图像本身的质量对整个视觉系统极为关键。而光源则是影响机器视觉系统图像水平的重要因素，因为它直接影响输入数据的质量和至少30%的应用效果。

2.4.1　光学基础

（1）光　通常指可见光，即能被人眼看到的电磁辐射，波长在400～700nm。在可见光谱中，每一种波长的光对应一种颜色。在机器视觉中，较常见的有红、绿、蓝颜色的光源。

拍摄物体时，如果要将某种颜色打成白色，那么就用与此颜色相同或相似的光源，即使用物体的原色照明；而如果需要打成黑色，则需要选择与目标颜色波长差异较大的光源，即补色光源进行照明，如红色物体在蓝色光下为黑色。

（2）三大光学现象

1）反射。反射是指声波、光波或其他电磁波在传播过程中遇到别的媒质分界面而部分或全部仍在原媒质中传播的现象叫作反射。反射不改变波长。从光滑的表面反射叫作镜面反射，如图 2-6a 所示；从粗糙表面反射叫作漫反射，如图 2-6b 所示。

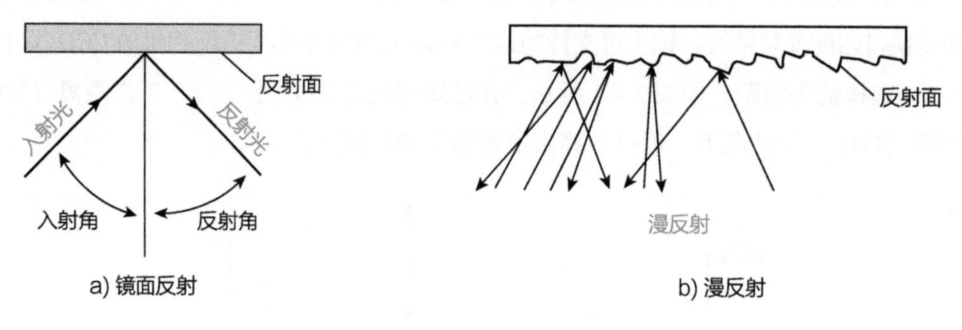

图2-6　反射

在光源的选择上反射现象是被应用最多的光学现象。需要选择特定的光源将目标的部分特征照亮，部分特征不照亮，就是利用反射。

2）折射。折射是指光从一种透明媒质（如空气）斜射入另一种透明媒质（如三棱镜）时，传播方向一般会发生变化，这种现象叫作光的折射，如图 2-7 所示。

在机器视觉的镜头设计中必须要涉及折射现象，否则无法设计好镜头。

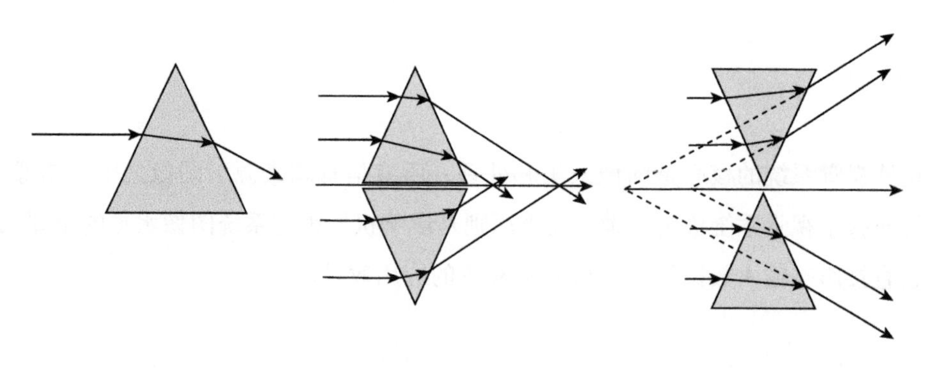

图2-7　折射

3）衍射。衍射又称为绕射，是指波遇到障碍物或小孔后通过散射继续传播的现象。衍射现象是波的特有现象，一切波都会发生衍射现象。

在机器视觉的光源选择时，有时需要考虑衍射现象。物体表面不可能是理想的平面，因此在这个不平的表面上会产生衍射现象。在相同的表面上，入射光的波长越长，衍射现象就越明显。通常我们检查表面上存在的划痕时，如果使用红光则划痕不太明显，而使用蓝光时划痕却要明显很多，就是因为红光更容易在表面产生衍射，而将划痕遮盖掉，如图 2-8 所示。

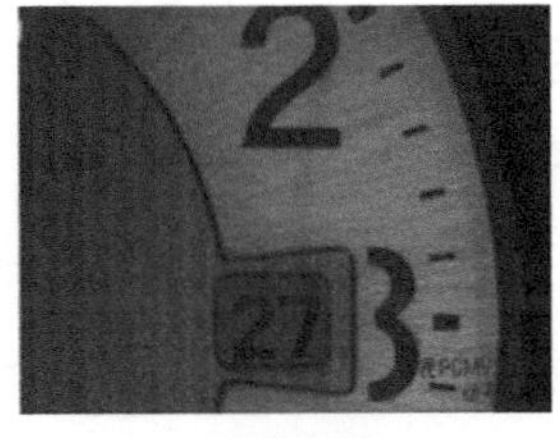
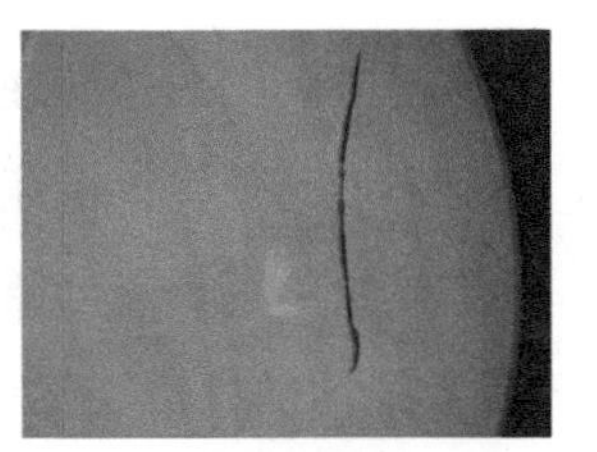
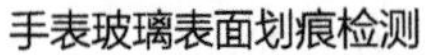

手表玻璃表面划痕检测　　错误图像　　理想图像

图 2-8　划痕检测中的衍射现象

（3）色彩的三属性　即色相、饱和度、明度，如图 2-9 所示。

1）色相：由于光波长、频率的不同而形成的特定色彩性质，也称为色阶、色纯、彩度等。按照太阳光谱的次序把色相排列在一个圆环上，并使其首尾衔接，就称为色相环，如图 2-10 所示。

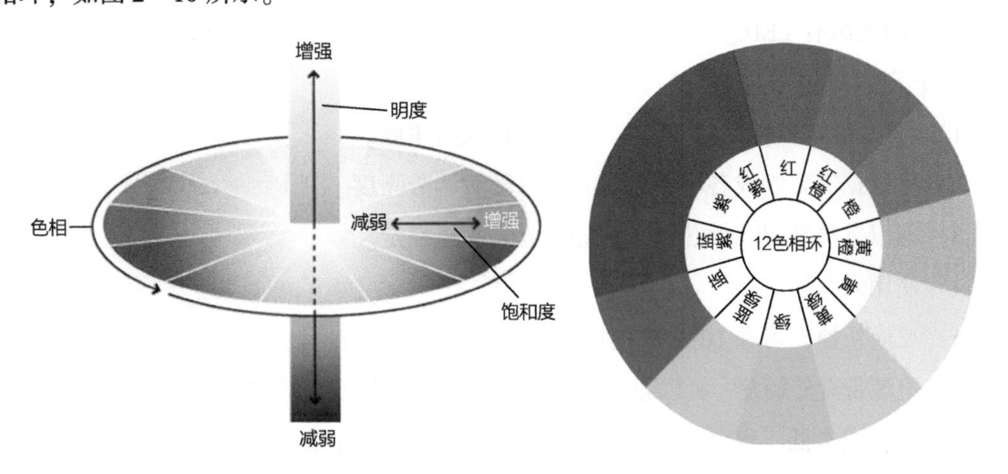

图 2-9　色彩的三属性　　图 2-10　色相环

2）饱和度：饱和度通俗地说就是“色彩的纯度”，饱和度的改变会影响颜色的鲜艳程度，以红色为例，饱和度越高，越接近红色，反之则越接近灰色（黑白）。

3）明度：即光波的强度，它决定了颜色的深浅程度。

2.4.2　机器视觉光源的作用

通过适当的光源照明设计，使图像中的目标信息与背景信息得到最佳分离，可以大大降低图像处理算法分割、识别信息的难度，同时又提高了系统的定位和测量精度，使系统的可靠性和综合性能均得到提升。反之，如果光源照明设计不恰当，会导致在图像处理算法设计及成像系统设计中事倍功半。因此，光源及光学系统设计的成败是决定系统成败的首要因素。在机器视觉系统中，光源的作用至少有以下几种。

1）照亮目标，提高目标的亮度。

2）形成最有利于图像处理的成像效果。

3）克服环境光干扰，保证图像的稳定性。

4）用作测量的工具或参照。

由于没有通用的机器视觉照明设备，所以针对每个特定的应用实例，要设计相应的照明装置，以达到最佳效果。机器视觉系统光源的价值也正在于此。

判断图像质量的好坏，就是看图像边缘是否锐利，具体包括以下部分。

1）将有效部分和其他部分的灰度值差异加大。

2）尽量消隐无效部分。

3）提高信噪比，便于图像处理。

4）减少材质、照射角度对成像的影响。

常用的光源有 LED、卤素灯（光纤光源）、高频荧光灯。目前 LED 最常用，其主要有如下几个特点。

1）可以制成各种形状、尺寸，实现各种照射角度。

2）可根据需要制成各种颜色，并可以随时调节亮度。

3）辅以散热装置，散热效果更好，光亮度更稳定。

4）使用寿命长。

5）反应快捷，可在 10μs 或更短的时间内达到最大亮度。

6）电源带有外触发，可以通过计算机加以控制，其起动速度较快，可用作频闪灯。

7）运行成本低、寿命长的 LED，会在综合成本和性能方面体现出更大的优势。

8）可根据客户的需要进行特殊设计。

2.4.3 机器视觉光源的分类

（1）环形光源 环形光源的特点是可以提供不同照射角度、不同颜色组合，更能突出物体的三维信息；高密度 LED 阵列，高亮度；多种紧凑设计，节省安装空间；解决对角照射阴影问题；可选配漫射板导光，光线均匀扩散。该光源应用于 PCB 基板检测、集成电路元件检测、显微镜照明、液晶校正、塑胶容器检测和集成电路印字检查等领域。

（2）背光源 用高密度 LED 阵列面提供高强度背光照明，能突出物体的外形轮廓特征，尤其适合作为显微镜的载物台。红白两用背光源、红蓝多用背光源，能调配出不同颜色，满足不同被测物多色要求。该光源应用于机械零件尺寸的测量，电子元器件、集成电路的外形检测，胶片污点检测和透明物体划痕检测等领域。

（3）条形光源 条形光源是检测较大方形结构被测物的首选光源，其颜色可根据需求搭配，自由组合；照射角度随意可调。该光源应用于金属表面检查、图像扫描、表面裂缝检测和 LCD 面板检测等领域。

（4）同轴光源　同轴光源可以消除物体表面不平整引起的阴影，从而减少干扰。部分采用分光镜设计，减少光损失，提高成像清晰度，均匀照射物体表面。该光源最适用于反射度极高的物体（如金属、玻璃、胶片、晶片等）表面的划伤检测，芯片和硅晶片的破损检测，标记点定位，包装条码识别等领域。

（5）AOI（Automated Optical Inspection，自动光学检验）专用光源　不同角度的三色光照明，照射凸显焊锡三维信息。外加漫射板导光，减少反光；可以不同角度组合。该光源应用于电路板焊锡检测。

（6）球积分光源　具有积分效果的半球面内壁，均匀反射从底部 360°发射出的光线，使整个图像的照度十分均匀。该光源应用于曲面、凹凸表面检测，或金属、玻璃表面等反光较强的物体表面检测。

（7）线形光源　超高亮度，采用柱面透镜聚光，适用于各种流水线连续检测场合，包括线阵相机照明专用，AOI 专用。

（8）点光源　大功率 LED，体积小、发光强度高，是光纤卤素灯的替代品，尤其适合作为镜头的同轴光源；具有高效散热装置，大大提高光源的使用寿命。该光源适合远心镜头使用，用于芯片检测，标记点定位，晶片及液晶玻璃底基校正等领域。

（9）组合条形光源　四边配置条形光，每边照明独立可控，可根据被测物要求调整所需照明角度，适用性广。该光源应用于 PCB 基板检测、集成电路元件检测、焊锡检查、标记点定位、显微镜照明、包装条码照明和球形物体照明等领域。

几种常见光源如图 2－11 所示。

图 2－11　几种常见光源

2.4.4　光源选择的因素

1．被测物体的特征

照明的目的是提高对比度，突出被检测物体特征，这需要大量的试验和经验积累。例如，光滑表面上的划痕需要用低角度的掠射，使表面反射的光线不能进入镜头，而划痕等瑕疵会改变光线的方向，从而形成黑色背景上的突出特征，对比度高，处理起来很容易。

2. 工作距离

在光源相同的情况下，光源到被测物体的距离决定了光源的很多指标，对于 LED，光照度和距离的二次方成反比，一般情况下，照度可以用这个规律来近似。

3. 视场大小

形成一个直径为 50mm 的均匀视场与形成一个直径为 500mm 的均匀视场所采用的光源是不一样的。而且同样的视场大小，对于不同的测量目标，选择也不同。如果只是测量一个环形上面的目标，那么使用环形光源就可以了，而如果想测量一个面上的目标且要均匀照明，那么四面无影光源则是一个比较好的选择。

4. 安装方式

如何安装到机械结构上，有多大的安装空间给光源？因为有一些项目，其机台可能是先设计的，或者是一些老式设备改造添加视觉功能，这时就需要考虑光源的安装了。

5. 光源颜色

一般来讲，机器视觉项目都以黑白相机为主，因为黑白图像处理函数对于灰度、二值图像函数要远远多于彩色图像。一些项目对相机颜色是没有太多要求的。因此，如果没有特别需要，使用黑白相机即可满足要求时，则考虑使用如红色、绿色、蓝色等单色光源。因为单色光源频谱单一，色差几乎被消除，因此其成像质量要好于彩色相机使用白色光源。

2.5 机器视觉的软件平台和工具包简介

（1）软件平台

1）VC：最通用，功能最强大，用户多，和 Windows 搭配，运行性能较好，可以自己写算法，也可以使用工具包，而且基本上工具包都支持 VC 的开发。VC 是大家主要选择的平台。

2）C#：比较容易上手，特别是完成界面等功能比用 VC + MFC 难度降低了很多，已经逐渐成为流行的软件平台了，算法在调用标准库或者使用 C# + C + + 混合编程。可以看到目前很多相机厂商的 SDK 都已经开始使用 C#作为应用程序了。

3）LabVIEW：NI 的工具图形化开发平台，开发软件快，从事工控行业或者自动化测试行业的工程师，普遍使用 LabVIEW 进行测试测量，具有 LabVIEW 的基础，再调用 NI 的 Vision 图像工具包开发，开发周期短，维护较为容易。

(2）工具包

1）Halcon：出自德国 MVTech。底层的功能算法很多，运算速度快，用其开发需要一定软件功底和图像处理理论。

2）VisionPro：美国康耐视的图像处理工具包。性能良好，开发上手比 Halcon 容易。

3）NI Vision：优点是软件图形化编程，上手快，开发周期快；缺点是性能不够突出。视觉工具包的优势是售价比大多数工具包或者算法便宜，但是性能上在速度和精度方面没有前两种软件好。

4）MIL：加拿大 Maxtrox 的产品，是 Matrox Imaging Library 的简写。早期推广和普及程度不错，当前主要是早期做激光设备的一些用户在用，所以多用于定位。

5）CK Vision：创科公司的软件包，相对前面几个工具包来说其价格优势比较明显，另外机器视觉需要的功能也基本都有，所以其在国内自动化设备企业应用广泛。

6）OpenCV：OpenCV 更多的是应用在计算机视觉领域。

第 3 章　NI 视觉平台的搭建

Chapter Three

3.1 ABB 机器人仿真软件 RobotStudio

下面介绍 ABB 机器人仿真软件 RobotStudio 的安装步骤。

1）双击“setup. exe”，如图 3－1 所示。

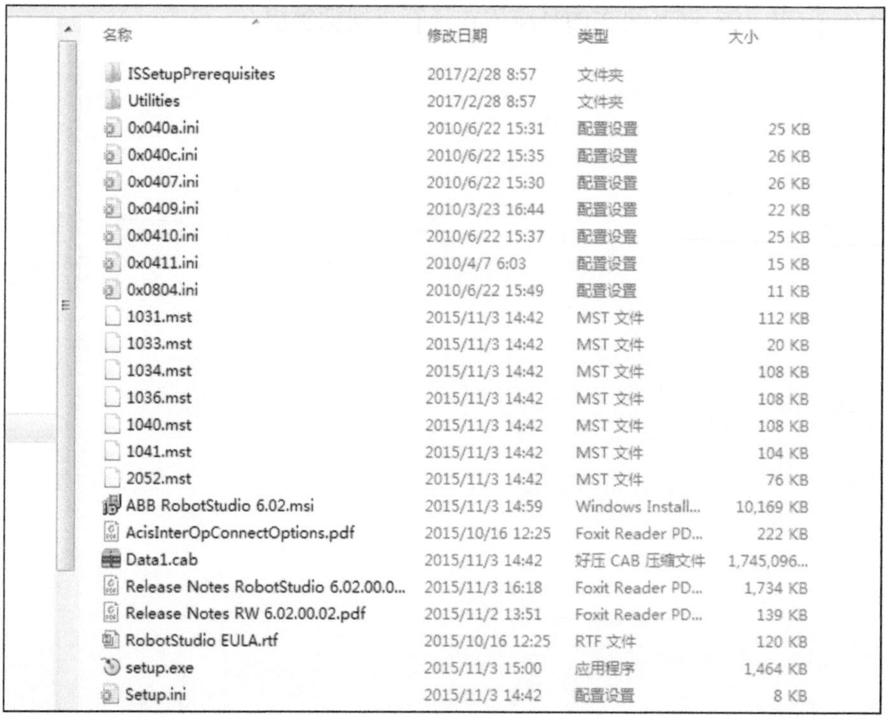

名称	修改日期	类型	大小
ISSetupPrerequisites	2017/2/28 8:57	文件夹	
Utilities	2017/2/28 8:57	文件夹	
0x040a.ini	2010/6/22 15:31	配置设置	25 KB
0x040c.ini	2010/6/22 15:35	配置设置	26 KB
0x0407.ini	2010/6/22 15:30	配置设置	26 KB
0x0409.ini	2010/3/23 16:44	配置设置	22 KB
0x0410.ini	2010/6/22 15:37	配置设置	25 KB
0x0411.ini	2010/4/7 6:03	配置设置	15 KB
0x0804.ini	2010/6/22 15:49	配置设置	11 KB
1031.mst	2015/11/3 14:42	MST 文件	112 KB
1033.mst	2015/11/3 14:42	MST 文件	20 KB
1034.mst	2015/11/3 14:42	MST 文件	108 KB
1036.mst	2015/11/3 14:42	MST 文件	108 KB
1040.mst	2015/11/3 14:42	MST 文件	108 KB
1041.mst	2015/11/3 14:42	MST 文件	104 KB
2052.mst	2015/11/3 14:42	MST 文件	76 KB
ABB RobotStudio 6.02.msi	2015/11/3 14:59	Windows Install...	10,169 KB
AcisInterOpConnectOptions.pdf	2015/10/16 12:25	Foxit Reader PD...	222 KB
Data1.cab	2015/11/3 14:42	好压 CAB 压缩文件	1,745,096...
Release Notes RobotStudio 6.02.00.0...	2015/11/3 16:18	Foxit Reader PD...	1,734 KB
Release Notes RW 6.02.00.02.pdf	2015/11/2 13:51	Foxit Reader PD...	139 KB
RobotStudio EULA.rtf	2015/10/16 12:25	RTF 文件	120 KB
setup.exe	2015/11/3 15:00	应用程序	1,464 KB
Setup.ini	2015/11/3 14:42	配置设置	8 KB

图 3－1　双击“setup. exe”

2）选择安装语言，这里选择“中文（简体）”，单击“确定”，如图3－2所示。

3）直接单击“下一步”，选择“我接受该许可证协议中的条款”，然后单击“下一步”，如图3－3所示。

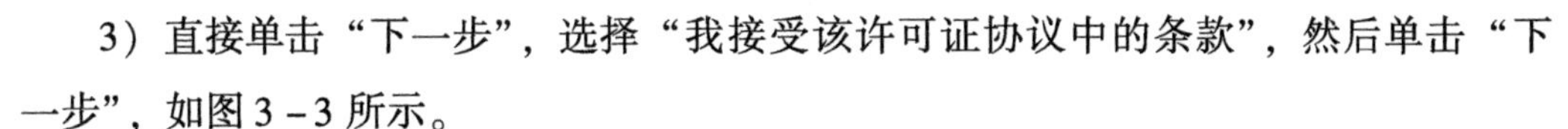

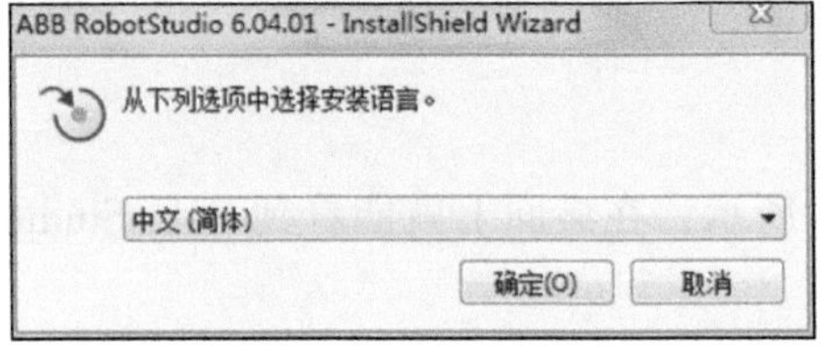

图3－2　选择安装语言

图3－3　安装步骤

4）单击“接受”，接受该隐私声明，如图3－4所示。如果无必要，不建议更改安装文件夹，单击“下一步”，如图3－5所示。

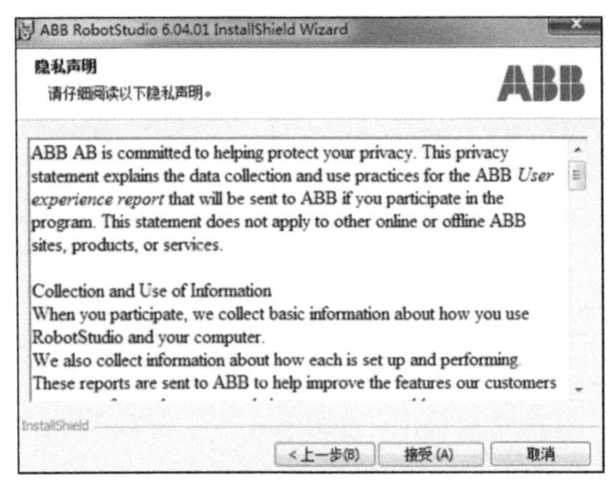

图3－4　接受隐私声明

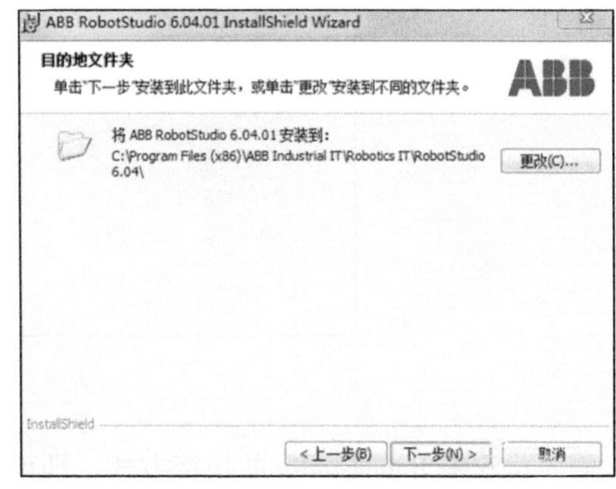

图3－5　选择安装文件夹

5）在选择安装类型时，默认选项为“完整安装”，如图3－6所示。如果有特殊需求，可选择“自定义”。选择完成后，单击“下一步”，单击“安装”，如图3－7所示。

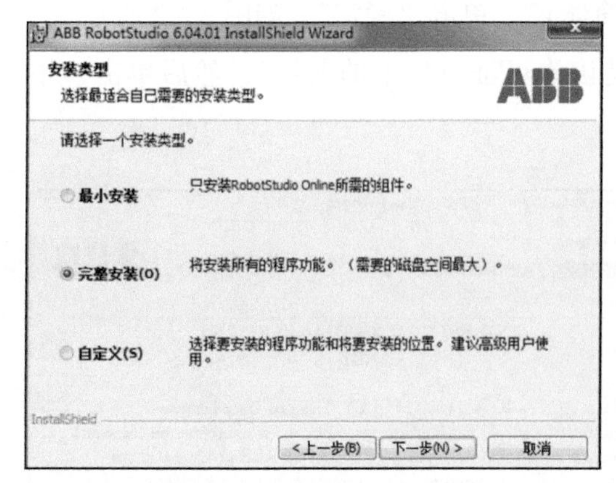

图3-6 选择安装类型

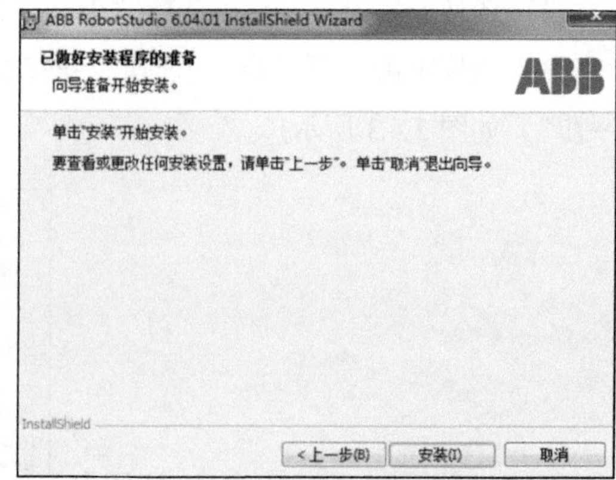

图3-7 开始安装

6）待安装完成后，单击“完成”，如图3-8所示，在桌面上就能看到RobotStudio的快捷方式了。

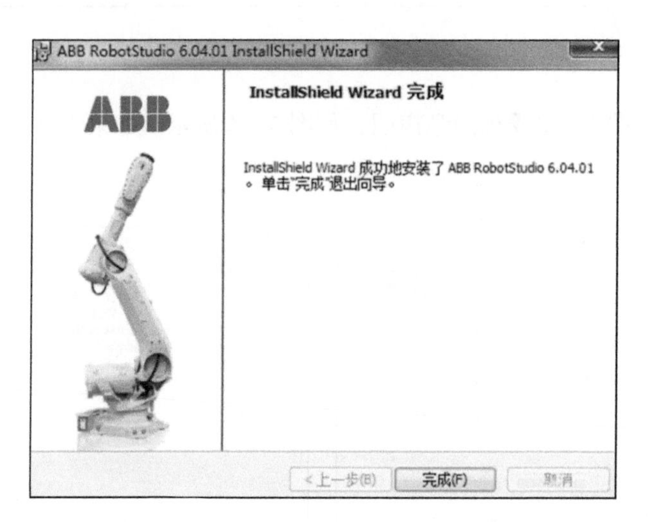

图3-8 安装完成

7）双击RobotStudio的快捷方式，即可进入该软件。

3.2 机器视觉开发软件 LabVIEW

接下来介绍机器视觉开发软件LabVIEW的安装步骤。

1）双击“LabVIEW2016. exe”，如图3-9所示。

图3-9 双击 “LabVIEW2016. exe”

2）单击“确定”，如图3-10所示。

图3-10 单击 “确定”

3）选择好解压路径后，单击“Unzip”，如图3-11所示。

4）解压完成后，将自动弹出安装界面，单击“Next”，如图3-12所示。

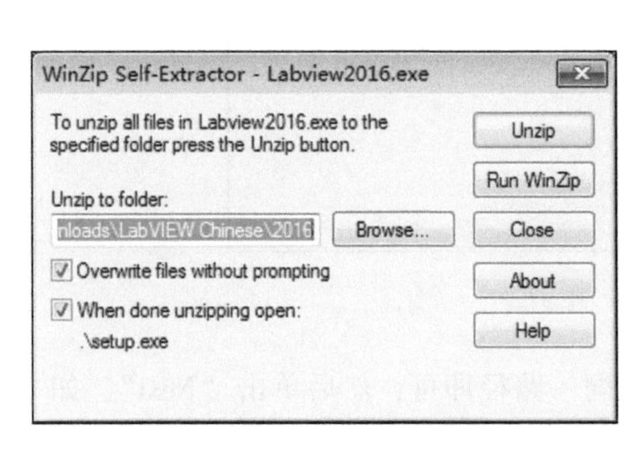

图3-11 单击 “Unzip”

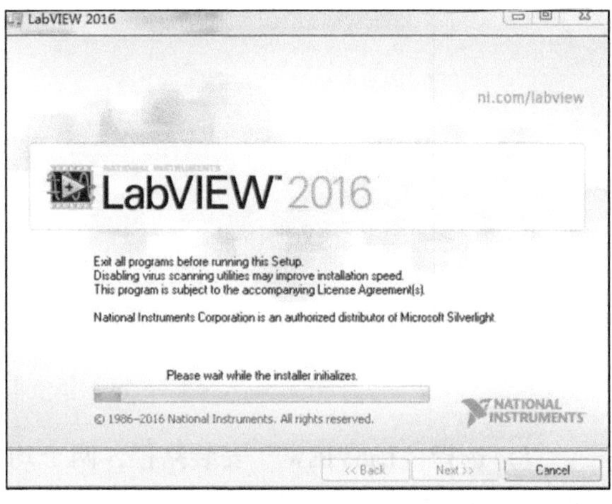

图3-12 解压完成单击 “Next”

5）输入全名（Full Name）和组织名称（Organization），单击“Next”，如图 3－13 所示。

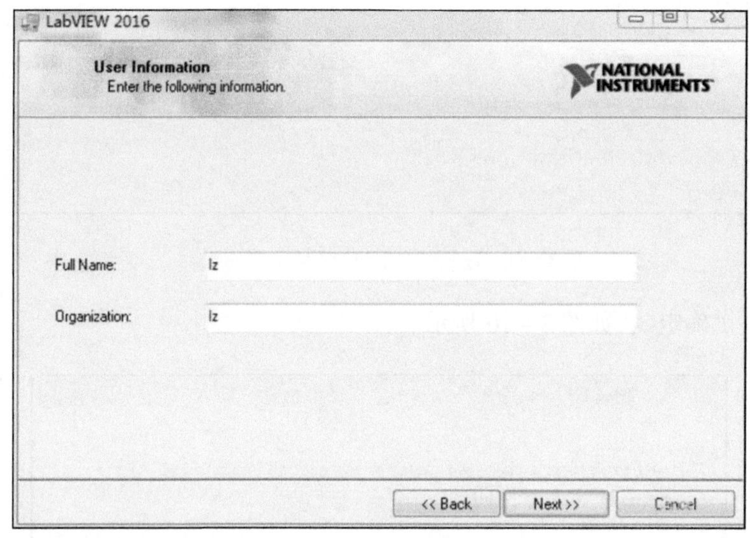

图 3－13 输入全名（Full Name）和组织名称（Organization）

6）先不输入序列号（Serial Number），直接单击“Next”，如图 3－14 所示。

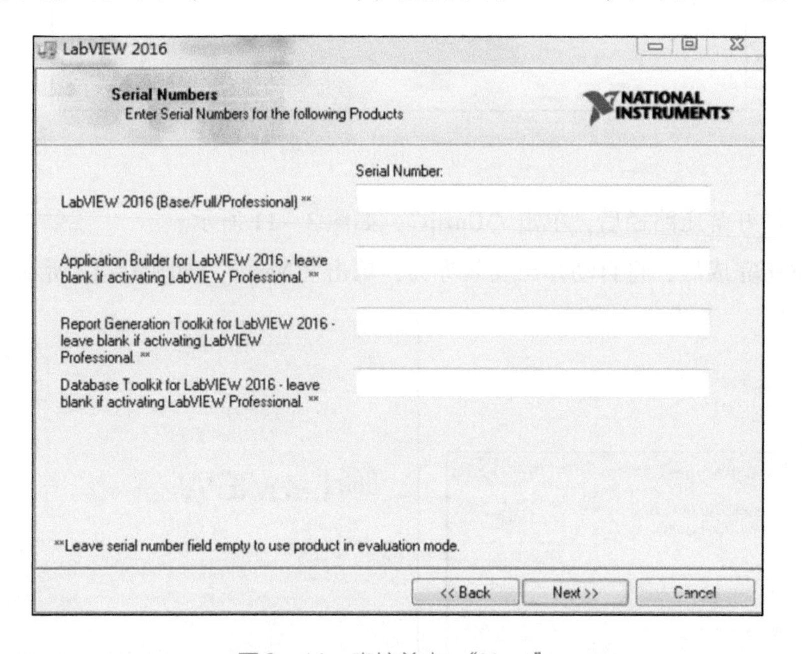

图 3－14 直接单击“Next”

7）选择“LabVIEW”安装路径，两个均在同一路径即可，然后单击“Next”，如图 3－15 所示。

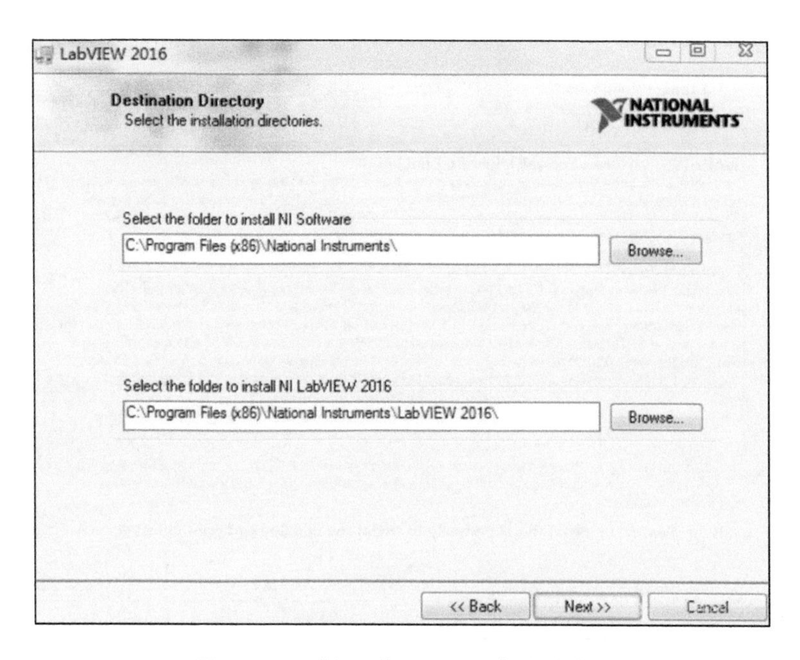

图3－15　选择 “LabVIEW” 安装路径

8）单击 “Next”，如图 3－16 所示。

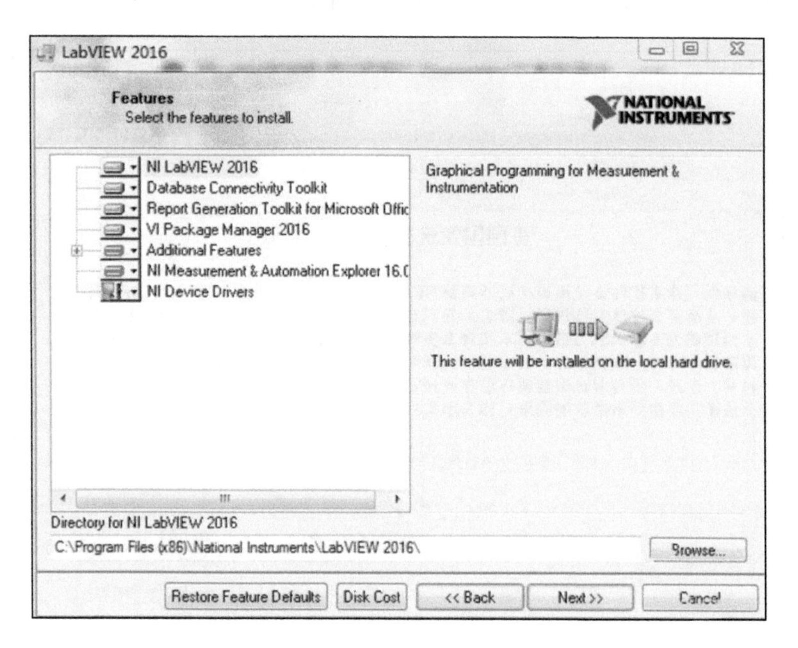

图3－16　单击 “Next”（1）

9）取消复选框选中状态，单击 “Next”，如图 3－17 所示。

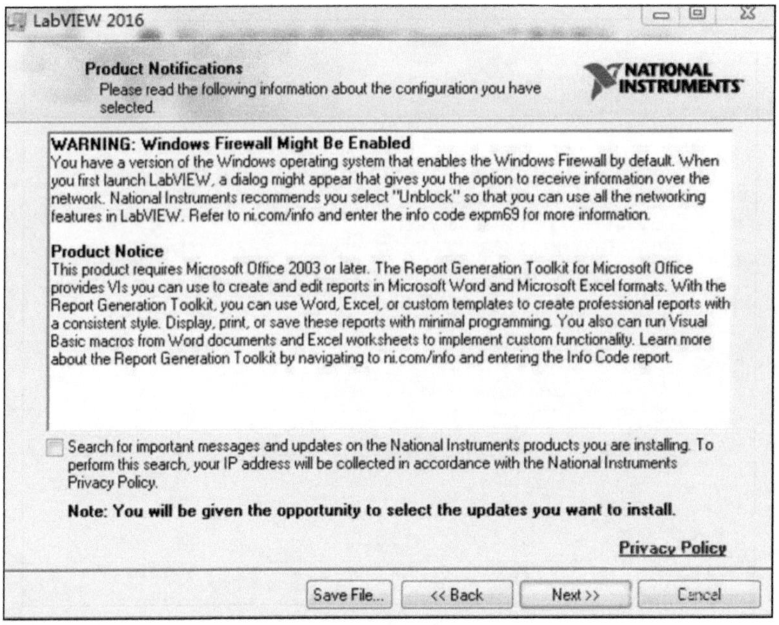

图3-17　取消复选框选中状态

10）选择同意，单击“Next”，如图3-18所示。

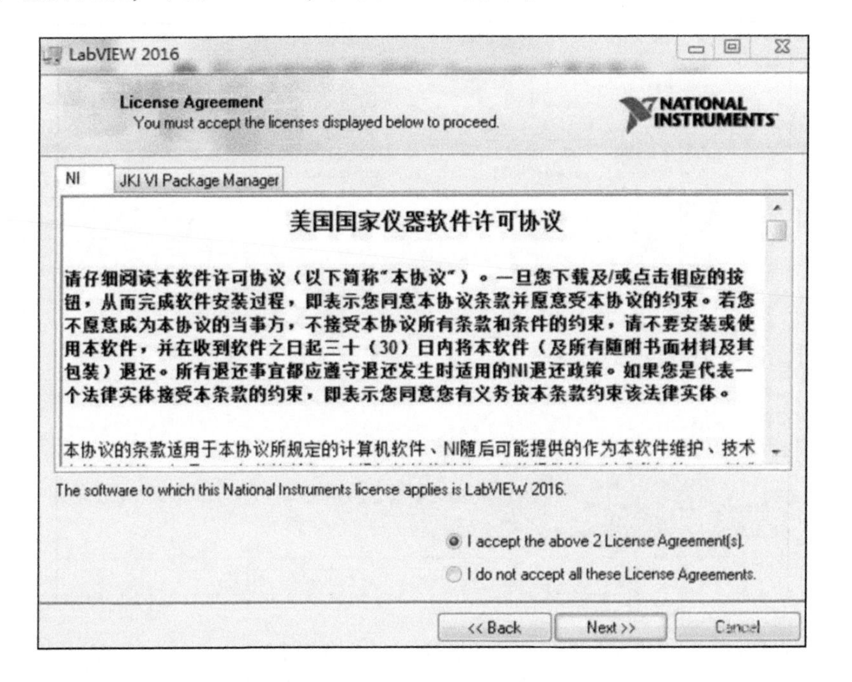

图3-18　选择同意

11）单击“Next”，如图3-19所示。

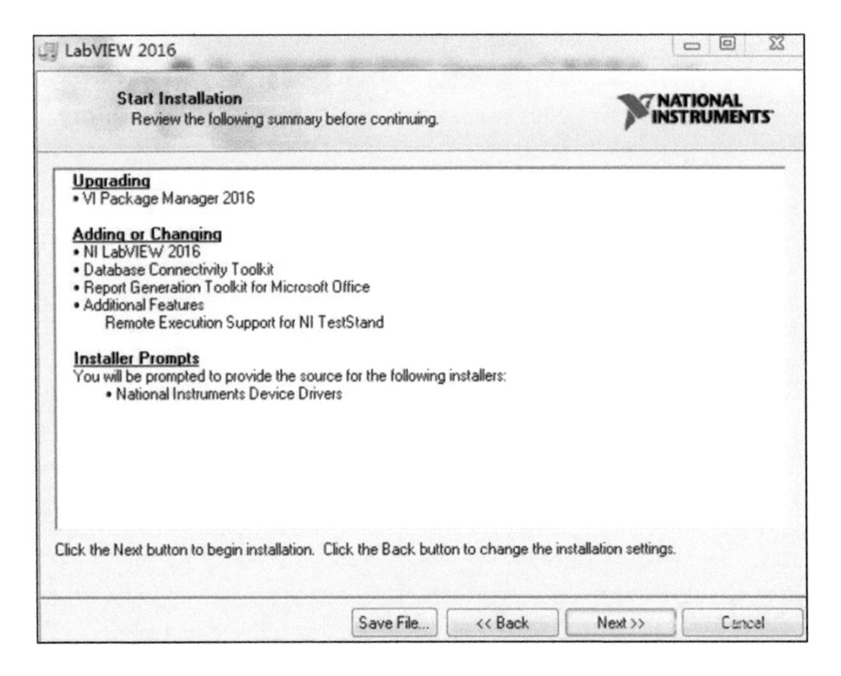

图3-19　单击“Next”（2）

12）开始安装，如图3-20所示。

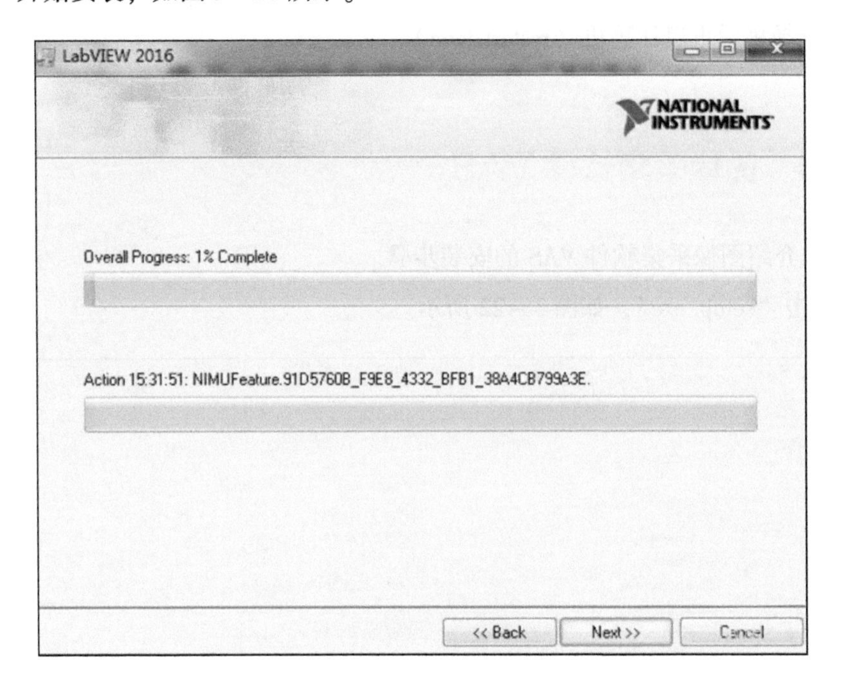

图3-20　开始安装

13）当遇到弹出对话框询问是否安装NI公司硬件驱动时，单击“Decline Support”，如图3-21所示。

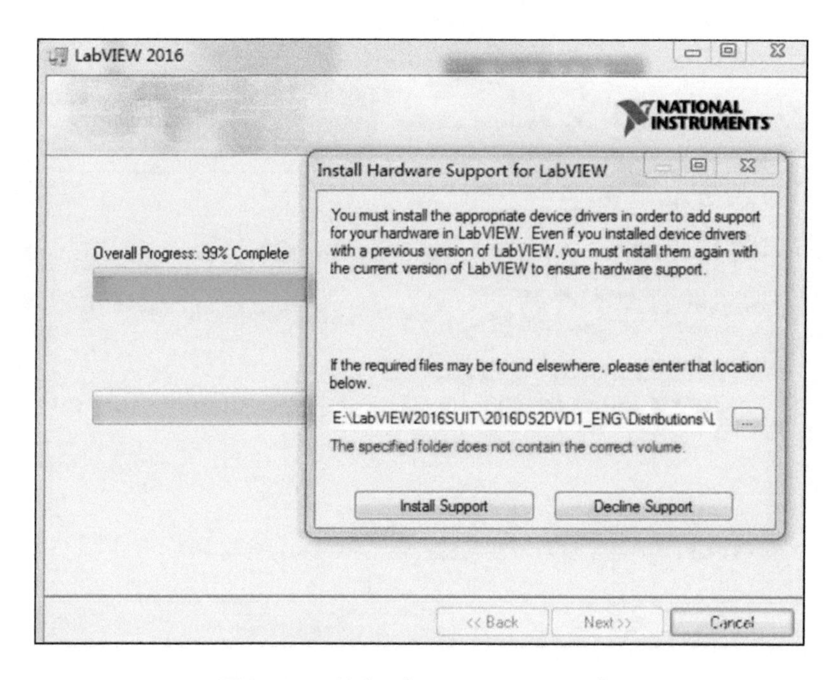

图3-21 单击 “Decline Support”

14）安装完成，单击“Next”。

15）选择稍后重启计算机（restart later）。

3.3 图像采集软件 VAS

接下来介绍图像采集软件 VAS 的安装步骤。

1）双击“setup. exe”，如图 3-22 所示。

图3-22 双击 “setup. exe”

2）单击“Next”，如图 3－23 所示。

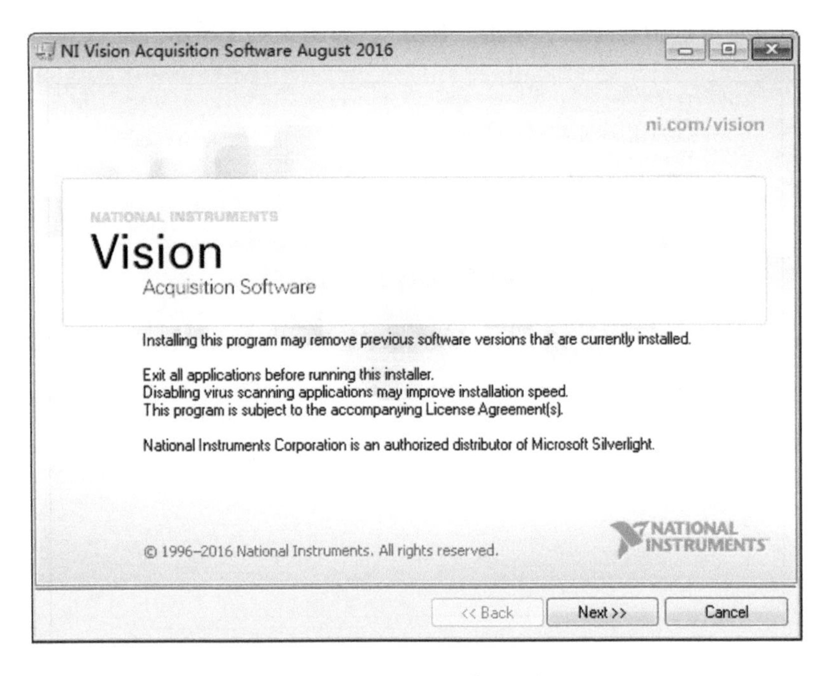

图 3－23　单击“Next”

3）再单击“Next”，如图 3－24 所示。

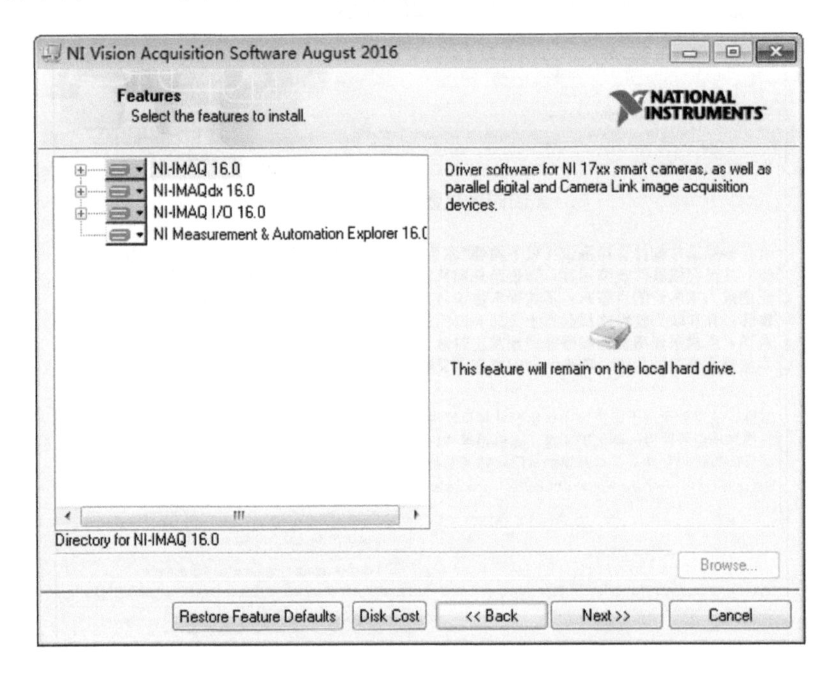

图 3－24　再单击“Next”

4）取消复选框选中状态后，单击“Next”，如图 3－25 所示。

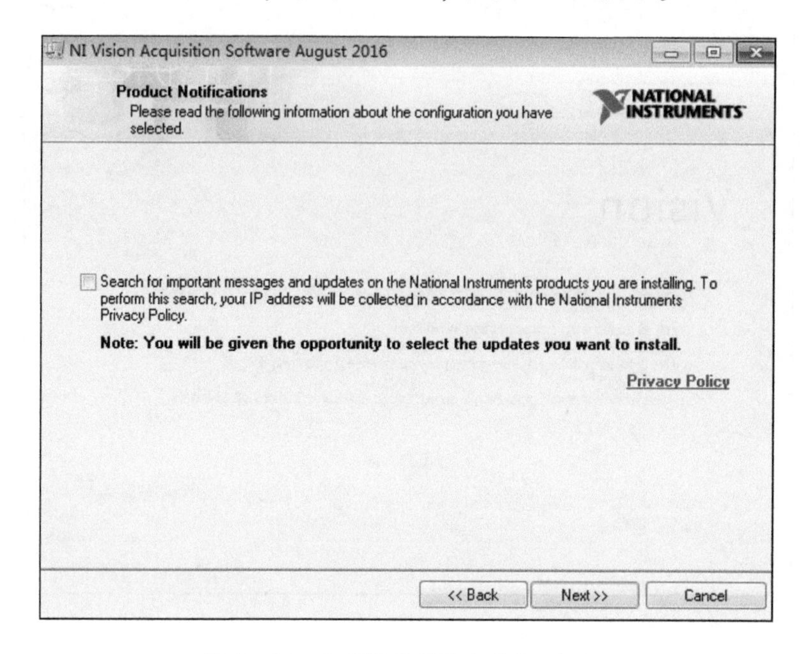

图 3－25　取消复选框选中状态（1）

5）选择同意，单击“Next”，如图 3－26 所示。

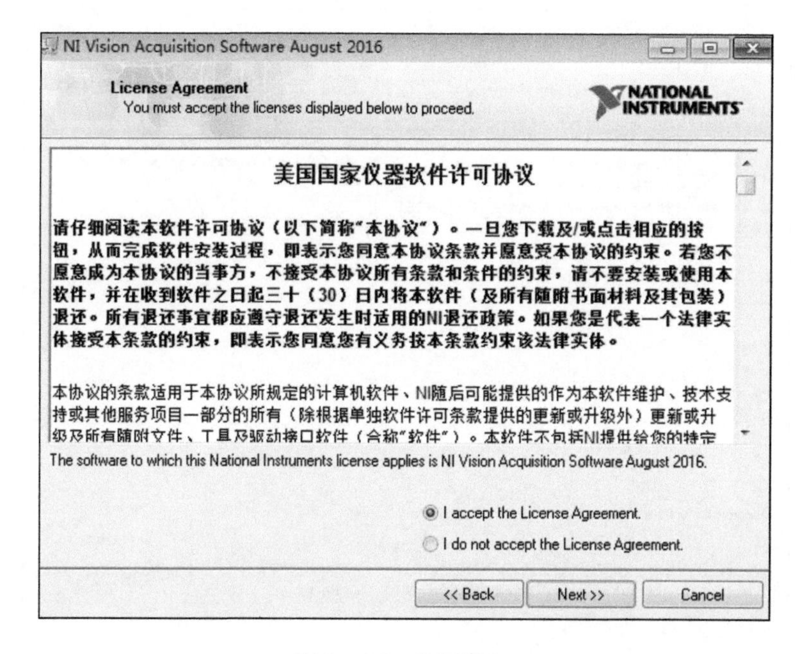

图 3－26　选择同意

6）取消复选框选中状态后，单击“Next”，如图3－27所示。

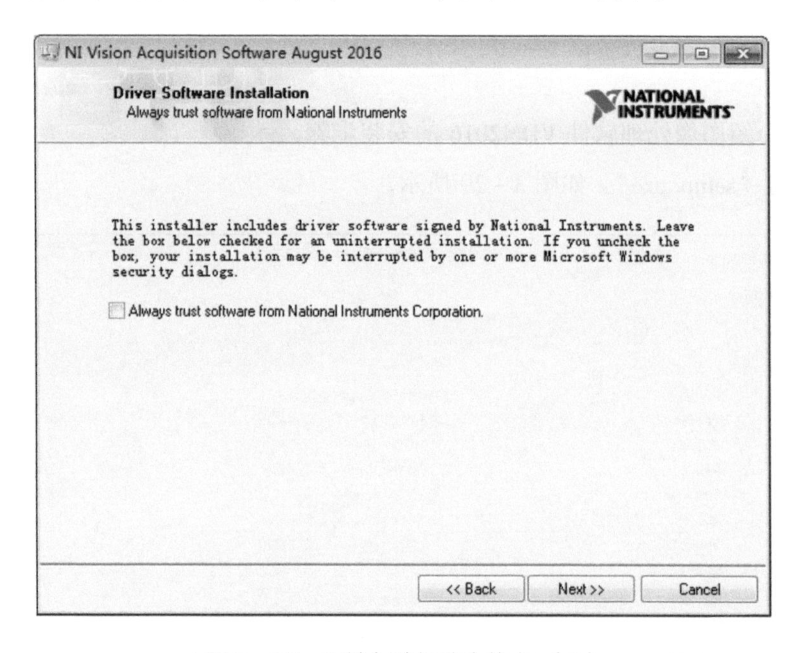

图3－27　取消复选框选中状态（2）

7）单击“Next”，进行安装，如图3－28所示。

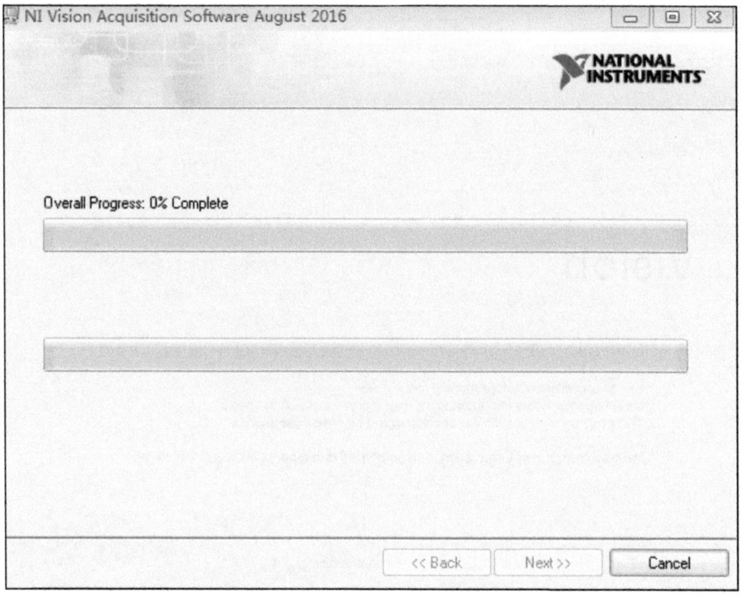

图3－28　进行安装

8）安装完成后，选择稍后重启计算机（restart later）。

3.4 图像处理软件 VDM2016

接下来介绍图像处理软件 VDM2016 的安装步骤。

1）双击“setup. exe”，如图 3－29 所示。

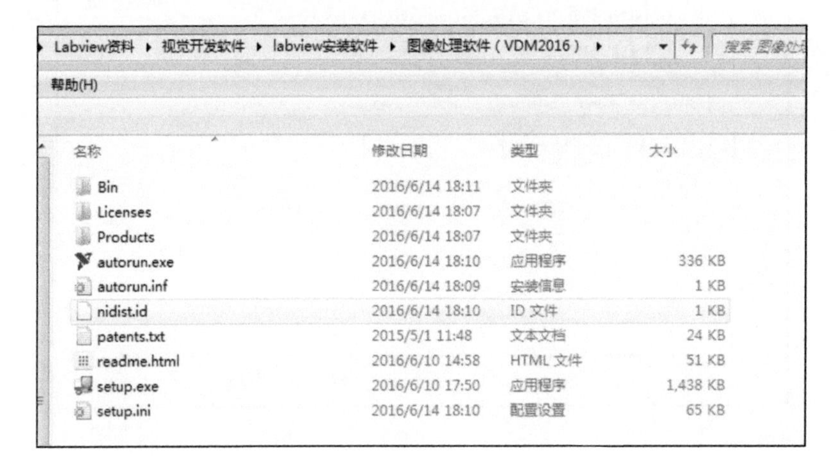

图3－29 双击 “setup. exe”

2）单击“Next”，如图 3－30 所示。

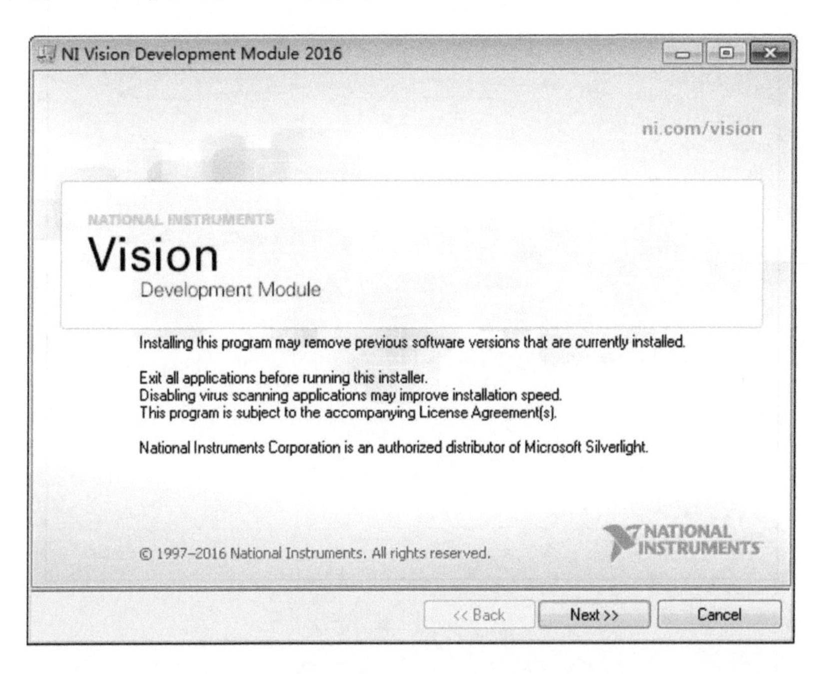

图3－30 单击 “Next”

3）选择“Install this product for evaluation”，单击“Next”，如图 3－31 所示。

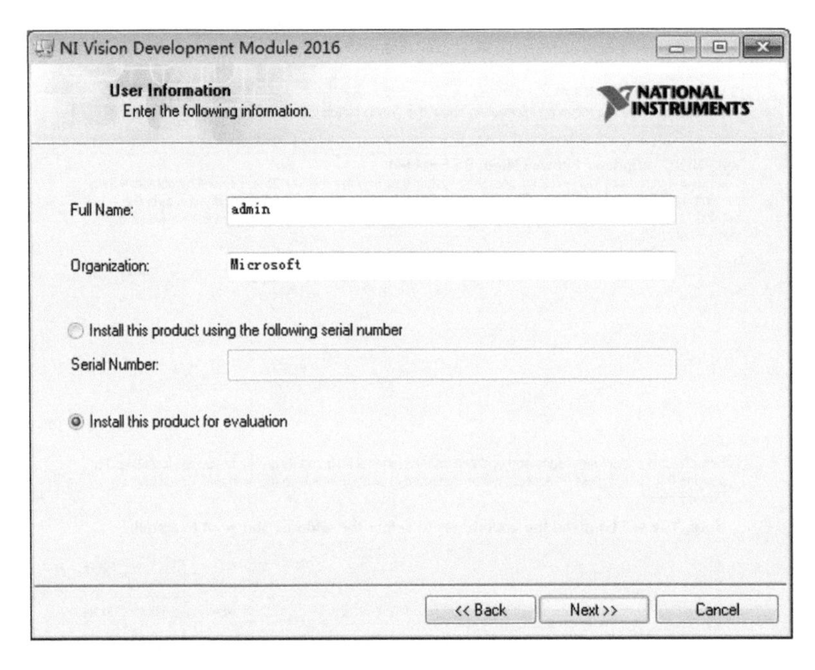

图 3－31　选择“Install this product for evaluation”

4）全部选择支持后，单击“Next”，如图 3－32 所示。

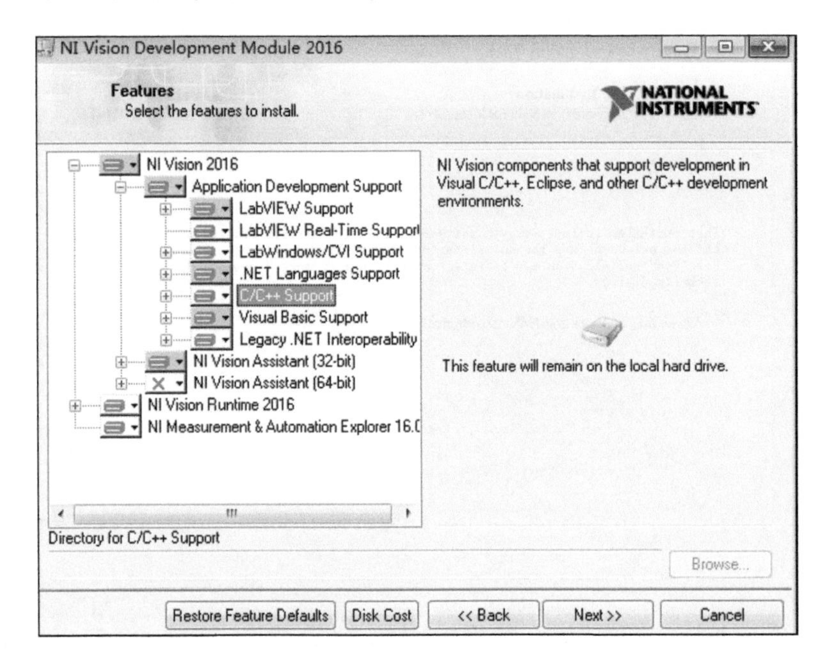

图 3－32　全部选择支持

5）取消复选框选中状态后，单击“Next”，如图3－33所示。

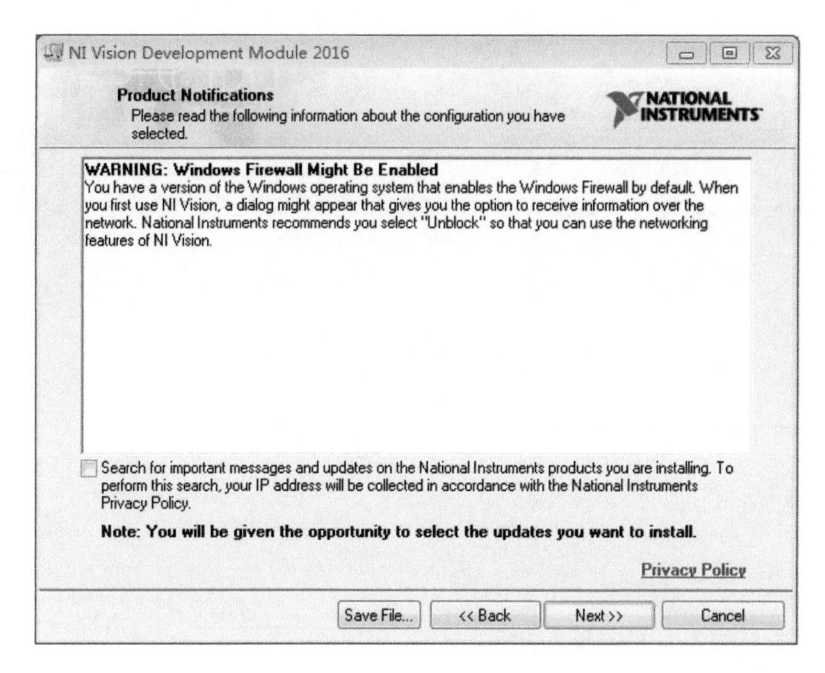

图3－33 取消复选框选中状态（1）

6）取消复选框选中状态后，单击“Next”，如图3－34所示。

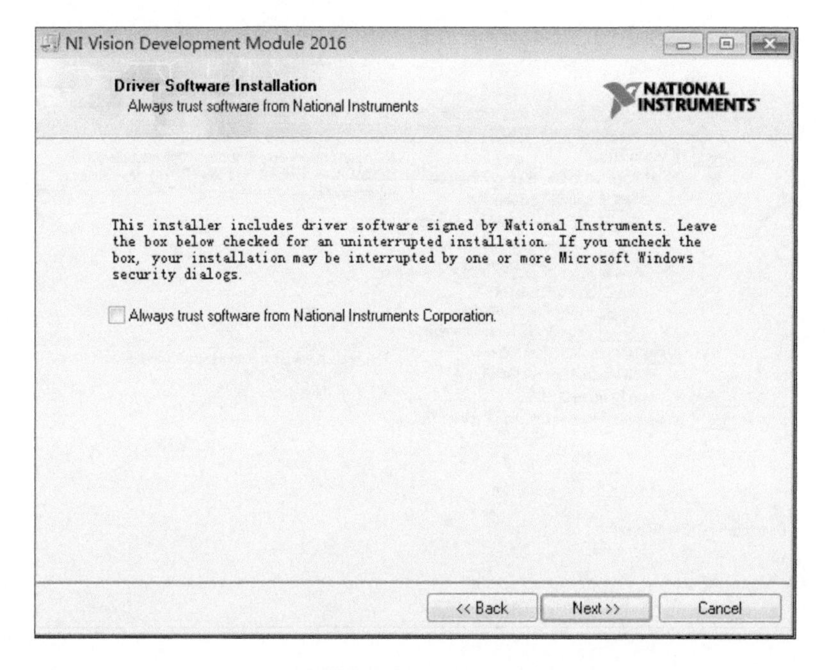

图3－34 取消复选框选中状态（2）

7）选择同意，单击“Next”，直到完成安装，如图 3 - 35 所示。

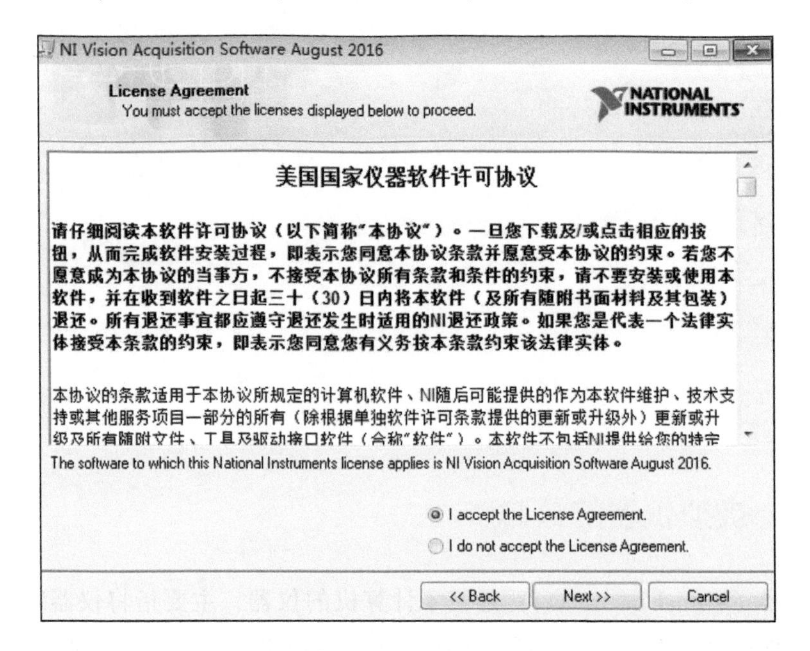

图 3 - 35　选择同意

8）安装完成后，选择稍后重启计算机（restart later）。

第 4 章　LabVIEW 编程环境与基本操作

Chapter Four

4.1　虚拟仪器的概念

虚拟仪器（Virtual Instrument）是基于计算机的仪器，主要指将仪器装入计算机，以通用的计算机硬件及操作为依托，实现各种仪器功能。虚拟仪器测试系统可以由被测对象、信号调理、数据采集卡、数据处理几个模块组成，最后输入计算机的虚拟仪器面板，组建方案如图 4 –1 所示。

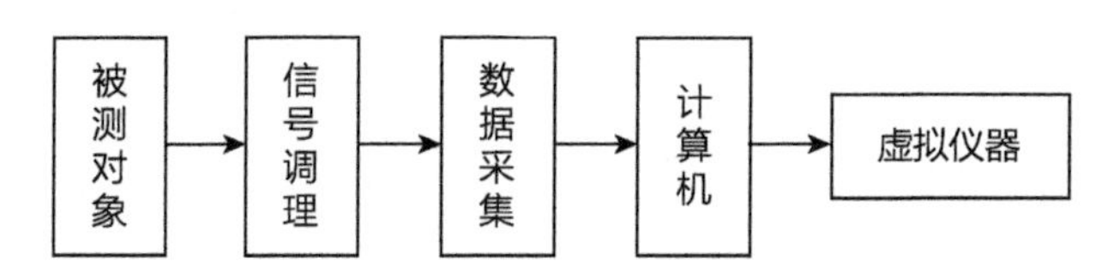

图 4 –1　虚拟仪器组建方案

相对于传统设备，虚拟仪器是个性化的，用户根据自己的实际需求设计实现。同时，它的性价比更高，不用购置若干实体设备来构造系统，但由于依赖计算机来实现，所以导致构建的虚拟仪器或计算机测试系统的性能会受到一定限制。目前，虚拟仪器技术已经广泛应用于汽车、通信、航空、半导体、电子设计生产、过程控制和生物医学等各个领域，而构造虚拟仪器使用较为广泛的语言是美国国家仪器公司的 LabVIEW。

4.2　LabVIEW 简介

LabVIEW 即实验室虚拟仪器集成环境（Laboratory Virtual Instrument Engineering Workbench），是由美国国家仪器公司（National Instruments，NI）创立的一个功能强大而又灵活的仪器和分析软件应用开发工具。

LabVIEW 是一种图形化的编程语言，通常称为 G 编程语言。不同于传统的语句编程语言，G 语言编程通过图形符号描述程序的过程。应用 LabVIEW 编制的程序简称 VI，程序由前面板和程序框图两部分组成，前面板模拟真实仪器的面板，它的外观和操作方式都与示波器、万用表等实际仪器类似。每一个前面板都有相应的程序框图，即用 G 语言编写的程序源代码。LabVIEW 提供了大量的虚拟仪器和函数库来帮助编程，还包含了特殊的应用库，用于实现数据采集、文件输入/输出、GPIB 和串行仪器控制及数据分析，同时也提供常规的程序调试工具，可以快速设置断点、单步执行程序及动画模拟执行，以便观察数据的流程。

4.3 LabVIEW 的编程环境

LabVIEW 软件用“VI”作为图形化程序的简称，子程序即称为“子 VI”，每个程序都包含类似仪器调节控制用的“前面板（Front Panel）”和类似内部处理连接线路的“程序框图（Block Diagram）”两部分。当单击启动画面的“新建 VI”菜单时，可以建立一个空白的程序，即 VI。当单击“打开”菜单时，可以浏览及打开一个已有的 VI。使用“新建”或“打开菜单”进入 VI 界面后，即可同时打开两个窗口：“前面板”和“程序框图”。

1. 前面板和控件选板

前面板是 VI 代码与仪器使用者的接口，也就是 VI 的虚拟仪器面板，这一界面上有用户输入和显示输出两类对象，具体有开关、旋钮、图形以及其他控制和显示对象。前面板和控件选板如图 4－2 所示。

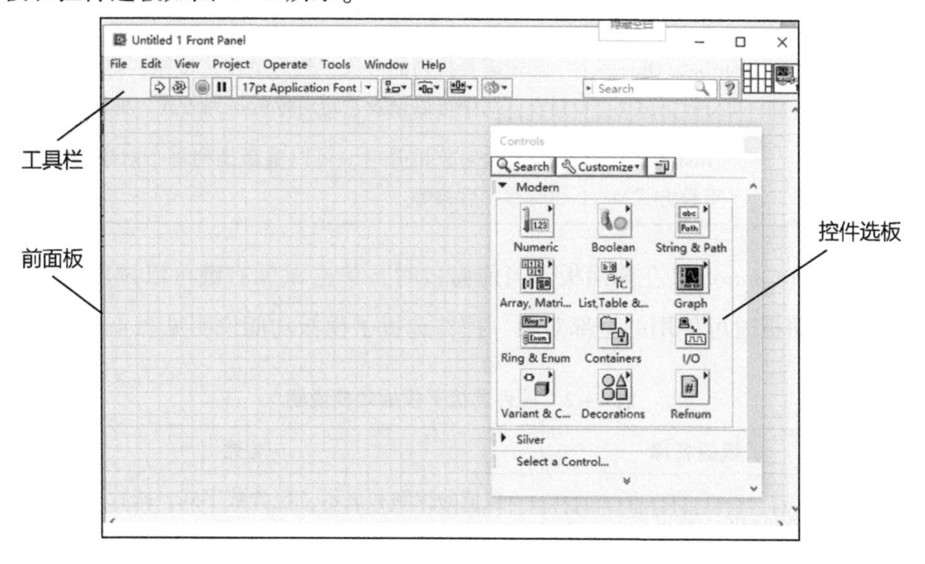

图 4－2　前面板和控件选板

前面板窗口的工具栏包括用来控制 VI 的命令按钮和状态指示器，各功能介绍见表 4－1。

表 4－1　前面板工具栏功能介绍

图标	名称	功能
	Run（运行）	单击它可以运行 VI 程序。以下情况需特别注意：如果运行的 VI 程序为最上级程序，则该按钮变为；如果运行的 VI 程序是一个被调用程序（如子程序），则该按钮变为；当程序出错，无法执行下去时，该按钮变为，表示 VI 程序由于出错而不能运行。如果想了解出错原因，可以单击该按钮，系统将弹出一个帮助窗口，列出所有错误
	Abort Executio（终止运行）	当 VI 程序执行时，工具栏上将出现，单击它就会立即停止程序的运行。注意：使用该按钮是强制停止 VI 程序的运行，可能会错过一些有用的信息。通常在设计程序时，可以通过设置按钮来控制 VI 程序的运行，这样就使得 VI 程序的执行是完整、有序的过程
	Pause/Conti-nue（暂停/继续）	单击该按钮可使 VI 程序暂停执行，再次单击，则 VI 程序继续执行
	Run Continuously（连续运行）	单击该按钮，此按钮变为，VI 程序连续地重复执行，再次单击该按钮可以停止程序的连续运行
12pt Application Font	Text Settings（字体设置）	单击该按钮将弹出一个下拉列表，从中可以设置字体的格式，如字体类型、大小、形状和颜色等
	Align Objects（排列方式）	首先选定需要对齐的对象，然后单击该按钮，将弹出一个下拉列表，该列表可以设置选定对象的对齐方式，如竖直对齐、上边对齐、左边对齐等
	Distribute Objects（分布方式）	选定需要排列的对象，然后单击该按钮，将弹出一个下拉列表，从中可以设置选定对象的排列方式，如间距、紧缩等
	Reorder（重叠方式）	当几个对象重叠时，可以重新排列每个对象的叠放次序，如前移、后移等

控件选板（Controls）在前面板为当前窗口时，单击鼠标右键可以调用出来，该选板包含创建前面板时可使用的全部对象。控件选板子模板功能说明见表 4－2。

表 4－2　控件选板子模板功能说明

图标	子模板名称	功能
	Numeric（数值量）	数值的控制和显示，包含数字式、指针式显示表盘及各种输入框

（续）

图标	子模板名称	功能
	Boolean（布尔量）	逻辑数值的控制和显示，包含各种布尔开关、按钮以及指示灯等
	String & Path（字符串和路径）	字符串和路径的控制及显示
	Array & Cluster（数组和簇）	数组和簇的控制及显示
	List & Table（列表和表格）	列表和表格的控制与显示
	Graph（图形显示）	显示数据结果的趋势图和曲线图
	Ring & Enum（环与枚举）	环与枚举的控制和显示
	I/O	输入/输出功能，用于操作 OLE、ActiveX 等功能
	Refnum	参考数
	Digilog Controls	数字控制
	Classic Controls	经典控制，指以前版本软件的面板图标
	Activex	用于 ActiveX 等功能
	Decorations（装饰）	用于给前面板进行装饰的各种图形对象
	Select Controls（控制选择）	调用存储在文件中的控制和显示的接口
	User Controls（用户控制）	用户自定义的控制和显示

2. 程序框图和函数选板

程序框图包含了以图形方式表示的程序代码。用户在程序框图中可以对 VI 编程，控制和处理定义在前面板上的输入与输出控件，界面如图 4－3 所示。

程序框图的工具栏和前面板的工具栏大多数都相同，另外还增加了 5 个调试按钮。其说明见表 4－3。

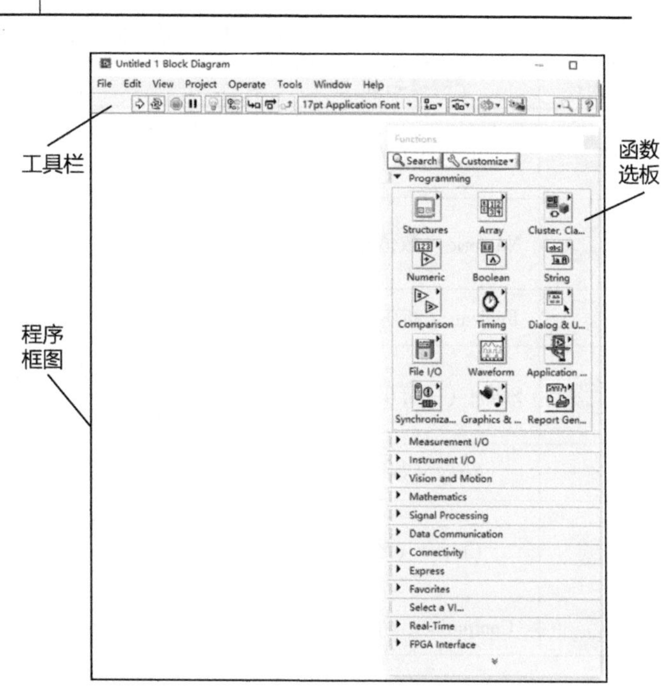

图 4－3　程序框图和函数选板

表 4-3　程序框图工具栏说明

图标	子模板名称	功能
	Highlight Execution（高亮执行）	单击该按钮，此按钮转换成为，VI 程序以一种缓慢的节奏一步一步地执行，所执行到的节点都以高亮方式显示，这样用户可以清楚地了解到程序的运行过程，也可以很方便地查找错误。当再次单击该按钮时，即可停止 VI 程序的这种执行方式，恢复到原来的执行方式
	Retain Wire Value（返回连线上的数值）	单击此按钮，此按钮转换为。此时，当程序运行时，将保存经过数据线的数值
	Start Single Stepping（单步执行）	单击此按钮，程序将以单步方式运行，如果节点为一个子程序或结构，则进入子程序或结构内部执行单步运行方式
	Start Single Stepping（单步执行）	是一种单步执行的按钮，与上面按钮不同的是：以一个节点为执行单位，即单击一次按钮执行一个节点。如果节点为一个子程序或结构，也作为一个执行单位，一次执行完，然后转到下一个节点，而不会进入节点内部执行。闪烁的节点表示该节点等待执行
	Step Out（跳出当前节点）	当在一个节点（如子程序或结构）内部执行单步运行方式时，单击该按钮可一次执行完该节点，并直接跳出该节点转到下一个节点

函数选板在程序框图为当前窗口时，可以通过单击鼠标右键调用，该选板包含创建程序框图时可使用的全部对象。函数选板子模板功能说明见表 4-4。

表 4-4　函数选板子模板功能说明

图标	子模板名称	功能
	Structure（结构）	包括程序控制结构命令，例如循环控制等，以及全局变量和局部变量
	Numeric（数值运算）	包括各种常用的数值运算，还包括数制转换、三角函数、对数和复数等运算，以及各种数值常数
	Boolean（布尔运算）	包括各种逻辑运算符以及布尔常数
	String（字符串运算）	包含各种字符串操作函数、数值与字符串之间的转换函数，以及字符（串）常数等
	Array（数组）	包括数组运算函数、数组转换函数，以及常数数组等
	Cluster（簇）	包括簇的处理函数，以及群常数等。这里的群相当于 C 语言中的结构
	Comparison（比较）	包括各种比较运算函数，如大于、小于、等于

（续）

图标	子模板名称	功能
	Time & Dialog（时间和对话框）	包括对话框窗口、时间和出错处理函数等
	File I/O（文件输入/输出）	包括处理文件输入/输出的程序和函数
	Data Acquisition（数据采集）	包括数据采集硬件的驱动，以及信号调理所需的各种功能模块
	Waveform（波形）	各种波形处理工具
	Analyze（分析）	信号发生、时域及频域分析功能模块及数学工具
	Instrument I/O（仪器输入/输出）	包括 GPIB（488、488.2）、串行、VXI 仪器控制的程序和函数，以及 VISA 的操作功能函数
	Motion & Vision（运动与景象）	
	Mathematics（数学）	包括统计、曲线拟合、公式框节点等功能模块，以及数值微分、积分等数值计算工具模块
	Communication（通信）	包括 TCP、DDE、ActiveX 和 OLE 等功能的处理模块
	Application Control（应用控制）	包括动态调用 VI、标准可执行程序的功能函数
	Graphics & Sound（图形与声音）	包括 3D、OpenGL、声音播放等功能模块，以及调用动态链接库和 CIN 节点等功能的处理模块
	Tutorial（示教课程）	包括 LabVIEW 示教程序
	Report Generation（文档生成）	
	Advanced（高级功能）	
	Select a VI（选择子 VI）	
	User Library（用户子 VI 库）	

3. 工具选板

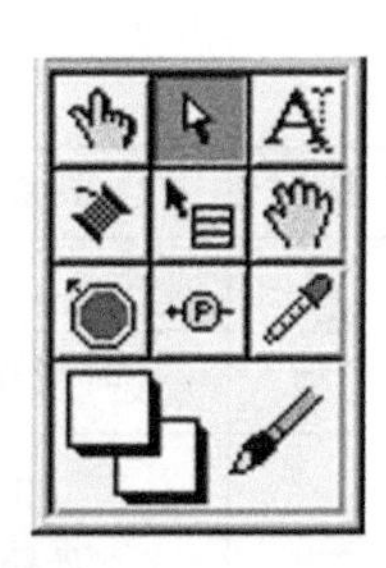

图4－4　工具选板

无论在前面板还是程序框图，都可以调用工具选板，用于创建、修改和调试 VI 程序。如果该选板没有出现，则可以在 Windows 菜单下选择“Show Tools Palette”命令以显示该选板。当从选板内选择了任一种工具后，鼠标箭头就会变成该工具相应的形状。工具选板如图4－4 所示，其功能说明见表4－5。

表4－5　工具选板功能说明

图标	名称	功能
	Operate Value（操作值）	用于操作前面板的控制和显示。使用它向数字或字符串控件输入值时，工具会变成标签工具
	Position/Size/Select（选择）	用于选择、移动或改变对象的大小。当它用于改变对象的连框大小时，会变成相应形状
	Edit Text（编辑文本）	用于输入标签文本或者创建自由标签。当创建自由标签时它会变成相应形状
	Connect Wire（连线）	用于在流程图程序上连接对象。如果联机帮助的窗口被打开时把该工具放在任一条连线上，就会显示相应的数据类型
	Object Shortcut Menu（对象菜单）	用鼠标左键可以弹出对象的弹出式菜单
	Scroll Windows（窗口漫游）	使用该工具就可以不需要使用滚动条而在窗口中漫游
	Set/Clear Breakpoint（设置/清除断点）	使用该工具在 VI 的流程图对象上设置断点
	Probe Data（数据探针）	可在程序框图内的数据流线上设置探针。通过探针窗口来观察该数据流线上的数据变化状况
	Get Color（颜色提取）	使用该工具来提取颜色用于编辑其他的对象
	Set Color（颜色设置）	用来给对象定义颜色。它也显示出对象的前景色和背景色

4.4 LabVIEW 程序设计过程

一个完整的 VI 程序由前面板、程序框图和图标连接口 3 部分组成，因此一个 VI 程序的设计主要包括前面板的设计、程序框图的设计以及程序的调试。

用户在使用虚拟仪器时，对仪器的操作和测试结果的观察，都是在前面板中进行的，因此应根据实际的仪器面板以及该仪器所能实现的功能来设计前面板。前面板主要由输入控制器（Control）和输出指示器（Indicate）组成。用户可以利用控件选板以及工具选板来添加输入控制器和输出指示器（添加后，会在程序框图窗口中出现对应控制器和指示器的端子），使用控制器可以输入数据到程序中，而指示器则可用来显示程序运行产生的结果。

程序框图相当于程序的源代码，只有创建了程序框图以后，该程序才能真正运行。对程序框图的设计主要是对节点、数据端口和连线的设计。

1）节点是程序执行的元素，类似于文本程序中的语句、函数或者子程序。LabVIEW 共有 4 种节点类型：功能函数、VI 子程序、结构和代码接口（CINS）。功能函数节点是内置节点，用于执行一些基本操作，如加、减、乘、除等数学运算以及文件 I/O、字符串格式化等；VI 子程序节点调用其他 VI 程序来作为子程序使用。结构节点（如 For 循环控制、While 循环控制等）控制程序的执行方式。代码接口节点是程序框图与用 C 语言编写的用户编码之间的接口。

2）数据端口是数据在程序框图部分和前面板之间，以及在程序框图的节点之间传输的接口。数据端口类似于文本程序中的参数和常数，有两种类型：控制器/指示器端口和节点端口（即函数图标的连线端口）。控制器/指示器端口用于前面板，当程序运行时，从控制器输入的数据就通过控制器端口传送到程序框图。而当 VI 程序运行结束后，输出数据就通过指示器端口从程序框图送回到前面板的指示器。当在前面板创建或删除控制器或指示器时，可以自动创建或删除相应的控制器/指示器端口。前述程序的控制程序有两个控制器端口，一个指示器端口，同时在程序框图中，Add 功能函数在图标下隐含着节点端口。

3）连线是端口间的数据通道，类似于普通程序中的变量。数据是单向流动的，从源端口向一个或多个目的端口流动。不同的线型代表不同的数据类型，每种数据类型还以不同的颜色予以强调。连线点是连线的线头部分。当需要连接两个端点时，在第一个端点上单击连线工具（从工具模板调用），然后移动到另一个端点，再单击第二个端点。端点的先后次序不影响数据流动的方向。当把连线工具放在端点上时，该端点区域将会闪烁，表示连线将会接通该端点。当把连线工具从一个端口接到另一个端口时，不需要按住鼠标。当需要连线转弯时，单击一次鼠标，即可以正交垂直的方向弯曲连线，按空格键可以改变转角的方向。接线头用于确保端口的连线位置正确。当把连线工具放到端口上时，接线头就会弹出。

当前面板和程序框图设计好以后，还需要对程序进行调试，以排除程序执行过程中可能遇到的错误。程序的调试方法主要有以下几种。

1）找出错误。如果一个 VI 程序不能执行，运行按钮将会显示为一个折断的箭头。单击该按钮，则会弹出一个列有错误清单的对话框，选择任意一个所列出的错误，单击“Show Error”按钮就会显示出错的对象或端口。

2）设置执行程序高亮。在执行前单击高亮按钮，该按钮图标会变成高亮形式。这种执行方式一般用于单步模式，来跟踪程序框图中的数据流动。

3）VI 程序的单步执行。为了达到调试程序的目的，用户也许希望程序框图一个节点一个节点地执行。要设置单步执行模式，只需单击单步按钮。这样下一个将要执行的节点就会闪烁，表示它将被执行。用户也可以再次单击单步按钮，这样程序将会变成连续执行方式。

4）探针。从工具模板中选择探针工具，将探针置于某根连线上，可以用来查看程序运行过程中该连线的数据。

5）断点。从工具模板中选择断点工具，可以在程序的某处暂停程序执行，用探针或者单步方式查看数据。使用断点工具时，单击希望设置或清除断点的地方，断点的显示对于节点或者框图表示为红框，连线表示为红点。

下面从 VI 和子 VI 的创建和调用来说明 LabVIEW 的程序设计过程。

4.4.1 创建 VI

我们通过建立一个仿真测量温度的程序来说明如何创建一个 VI 程序。具体要求是：新建一个空白 VI，手动调节温度输入值，用温度指示器显示温度值，如图 4－5 所示，进行摄氏度、华氏度转化，保存文件名为“tem1. vi”。

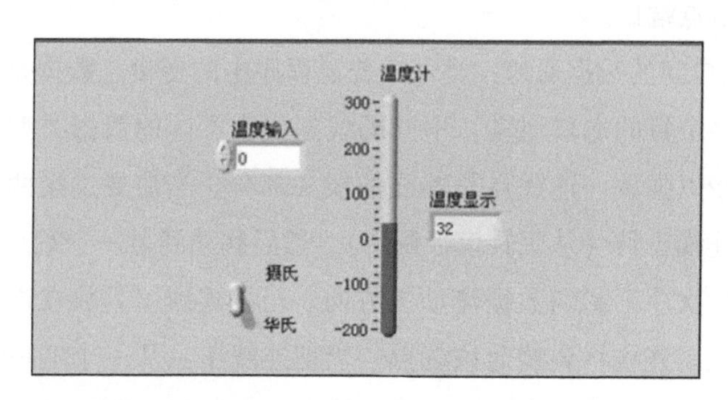

图 4－5　仿真温度测量前面板

具体实现步骤如下。

1）打开一个新的前面板窗口。

2）设计前面板。确定程序需要输入控制器和显示指示器的数量与类型。本实例中，需要两个输入控制器，分别代表手动温度输入的数值型控件和选择摄氏度、华氏度显示方式的布尔型控件（数据类型后面会介绍）；需要两个输出指示器，分别是用温度计显示温度的数值型控件和直接显示当前温度值的数值型控件。在前面板的控件选板选择相应类型的控制器，布置前面板。

3）设计程序框图。打开程序框图，在函数选板上选择需要的对象，用连线工具将各对象按图 4-6 所示连线。其中，乘法函数和加法函数在“Numeric”中；其中的为选择函数，在“Comparison”中可以找到。对于不熟悉或者不会用的函数，从 Windows 菜单下选择“Show Help Window”功能或使用快捷键“Ctrl + H”后，把光标放在流程图程序的子程序（Sub VI）或图标上，就会显示相应的帮助信息，包括部分函数还有应用范例供参考学习。

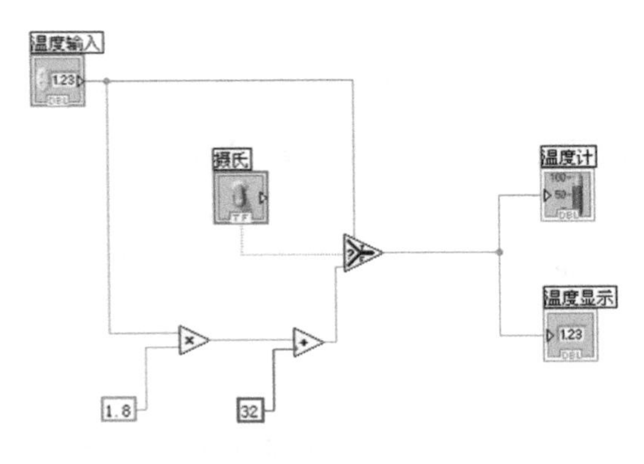

图 4-6　仿真温度测量程序框图

4）把该 VI 保存为“tem1. vi”。

5）在前面板中，单击“Run”（运行）按钮，运行该 VI。注意温度的数值都显示在前面板中。

6）关闭该 VI 。

4.4.2　子 VI 的创建及调用

在 LabVIEW 中，每个 VI 程序都可以创建成子 VI（子程序），以供其他程序调用。在程序框图中打开“Function”里的“Select a VI…”，就可以选择要调用的子 VI 。构造一个子 VI 的主要工作就是定义它的图标和连接器。

（1）定义图标　每个 VI 在前面板和程序框图窗口的右上角都显示了一个默认的图标。用鼠标右键单击面板窗口右上角的默认图标即可启动图标编辑器，对图标进行个性化设计。

（2）设置连接器 若想创建成为子 VI，被其他函数调用，必须设置好连接器。连接器是 VI 数据的输入、输出接口，可以通过选择 VI 的端子数并为每个端子指定对应的前面板对象以定义连接器。具体步骤如下。

1）右键单击前面板中右上角的图标，从弹出的快捷菜单中选择显示连接器选项。此时，前面板窗口右上角的图标由接线端口取代，每个小矩形框代表一个连线的端口，这些端口用来将数据输入到 VI 程序中或将 VI 程序的数据输出。LabVIEW 将会根据控制器和指示器的数量选择一种接线端口模式，把接线端口分配给相应的控制器和指示器。使用连线工具，在左边的接线端口框内单击鼠标左键，则端口将会变黑。再单击控制器，一个闪烁的虚线框将包围住该控制器。此时，端口颜色也会根据控制器的类型做相应变换。现在单击右边的接线端口，使它变黑，再单击相应的指示器，这样就创立了该指示器与相应端口的连接。

2）保存此程序，以后我们就可以对其像子程序一样调用了。

下面我们把上节创建的“tem1. vi”转换为子 VI。

要求：编辑“tem1. vi”的图标为。将练习程序“tem1. vi”定义为子程序，并设置连接器。在新建程序“tem2. vi”中调用“tem1. vi”子程序。

具体实现步骤如下。

1）在 tem1. vi 前面板单击右上角图标栏“Edit Icon”，即可打开“Icon Editor”窗口，选择“Edit”中的“Clear all”后，用窗口右侧提供的工具绘制上述图标，如图 4 - 7 所示。

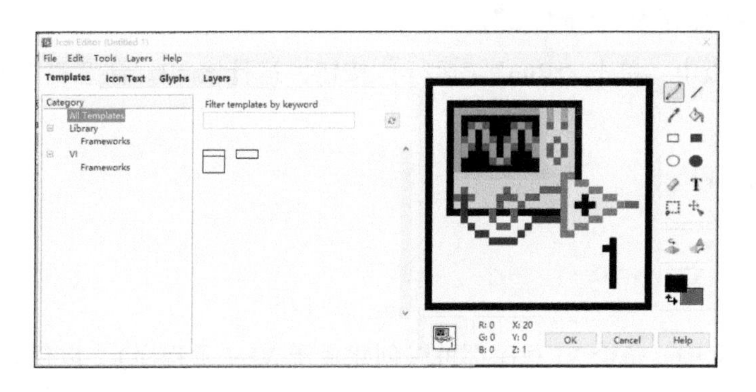

图 4 - 7 图标编辑器

2）鼠标右键单击图标栏，选择“显示连线板”。本例中有 4 个端口：1 个数字控制器（温度输入），1 个布尔控制器（摄氏度、华氏度选择），2 个数字指示器（温度显示），选择连线板模式为两输入、两输出形式。使用工具将输入、输出端口一一关联，子 VI 即定义完毕，如图 4 -8 所示。保存 VI。

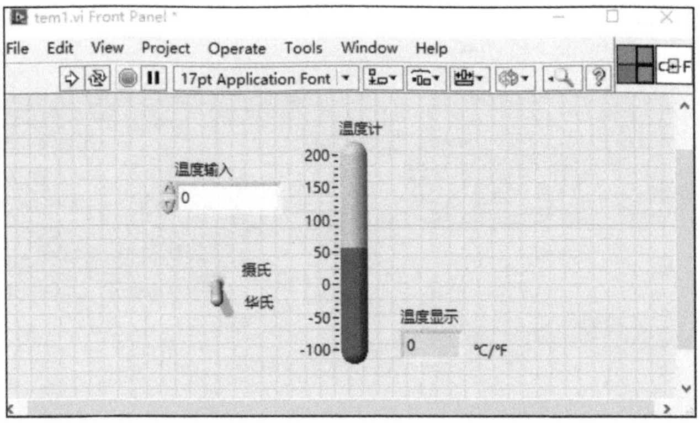

图 4 -8　连线完成后的图标

3）新建 VI，命名为“tem2. vi”。子 VI 可以被任意 VI 调用，只是在调用其主程序时应事先备有子 VI 所需的输入和输出接口。在新建“tem2. vi”中，设定相应类型的两个输入和两个输出接口。

4）在新建“tem2. vi”程序框图的函数选板中选择“Select a VI…”，即可调用已定义好的“tem1. vi”，此时出现在程序框图上的是编辑好图形和连线的图标形式，使用其进行连线即可完成调用，如图 4 -9 所示。

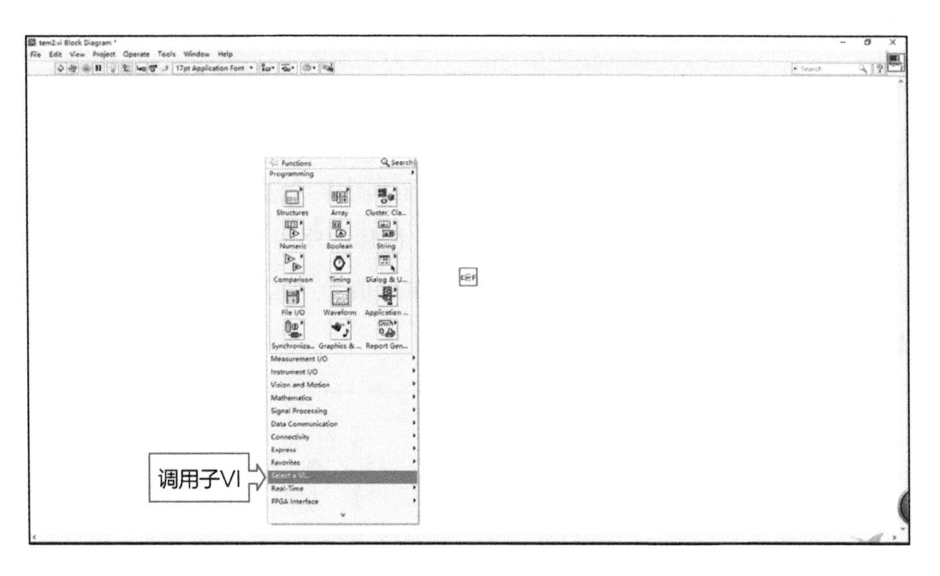

图 4 -9　调用子 VI

第5章　LabVIEW 编程结构

Chapter Five

LabVIEW 属于结构化语言，其程序可以由循环结构、分支结构和顺序结构组成。下面对几种基本结构进行介绍。

5.1 循环结构

LabVIEW 中的循环结构有两种，分别是 While 循环和 For 循环。两者的区别在于，For 循环用于已知循环次数的情况。

5.1.1 While 循环

While 循环可以反复执行循环体的程序，直至到达某个边界条件。它类似于普通编程语言中的 Do 循环和 Repeat-Until 循环。While 循环的框图是一个大小可变的矩形框，用于执行框中的程序，直到条件端子接收到的布尔值为“FALSE”。While 循环示意如图 5－1 所示。该循环有如下特点。

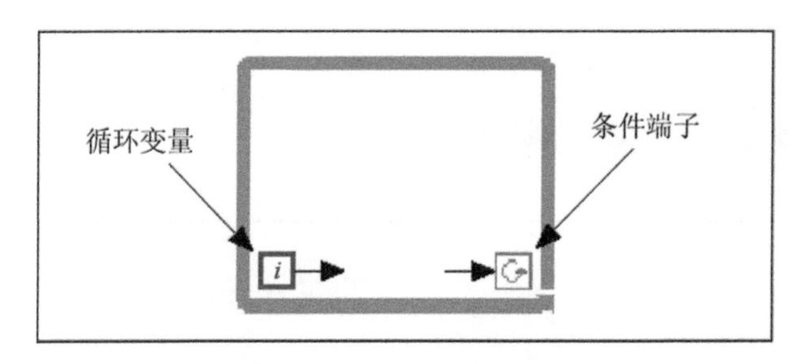

图5－1　While 循环示意

1）计数从 0 开始（$i=0$）。

2）先执行循环体，而后 $i+1$，如果循环只执行一次，那么循环输出值 $i=0$。

3）循环至少要运行一次。

下面我们通过一个例子来了解 While 循环的应用。

要求：建立一个 VI，在每个循环中生成一个随机数，把随机数同事先设定的一个数进行比较，如果两者相等就停止运行，并输出循环次数，通过通道把数据从 While 循环结构内传出。设置前面板，如图 5－2 所示。程序框图设计如图 5－3 所示。运行程序，改变“Number to Match”的值超过数据范围，大于 100 或小于 0，或者递增值不为 1，观察程序如何强制设定输入值。保存文件，命名为“whilematch. vi”。

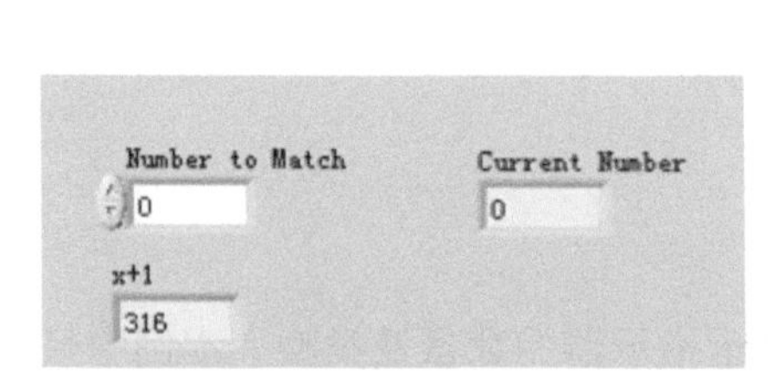

图5－2　自动匹配 VI 前面板

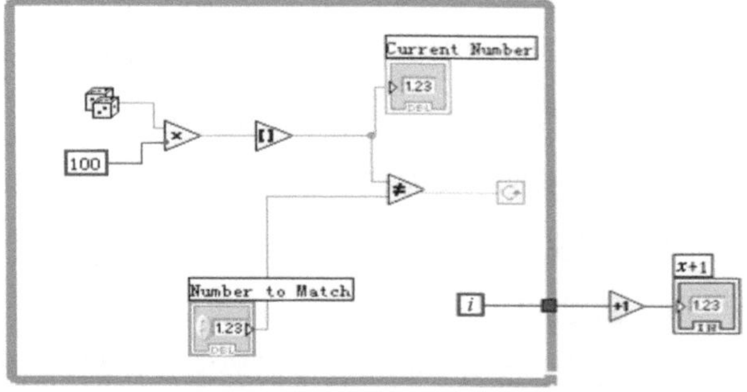

图5－3　自动匹配 VI 程序框图

具体实现步骤如下。

1）新建 VI。

2）设计前面板。确定程序需要输入控制器和显示指示器的数量及类型。本实例中，需要一个数值型输入控制器，代表事先设定需要比较的数；需要两个数值型输出指示器，分别代表 While 循环找到匹配数据的循环次数和当前产生的随机数。在前面板的控件选板选择相应类型的控制器，布置前面板。

3）设计程序框图。打开程序框图，在函数选板上选择需要的对象，用连线工具将各对象按规定连接。其中在“Numeric”中，每次随机产生一个 0～1 之间的小数。

4）把该 VI 保存为“whilematch. vi”。

5）在前面板中，运行该 VI。

6）关闭该 VI。

5.1.2　For 循环

For 循环用于指定某段程序执行的次数。和 While 循环一样，它不会立刻出现在流程图中，而是出现一个小图标，用户可以修改其大小和位置。具体方法是，先单击所有端子的左上方，然后按下鼠标，拖曳出一个包含所有端子的矩形，释放鼠标时就创建了一个指定大小和位置的For循环，如图5-4所示。

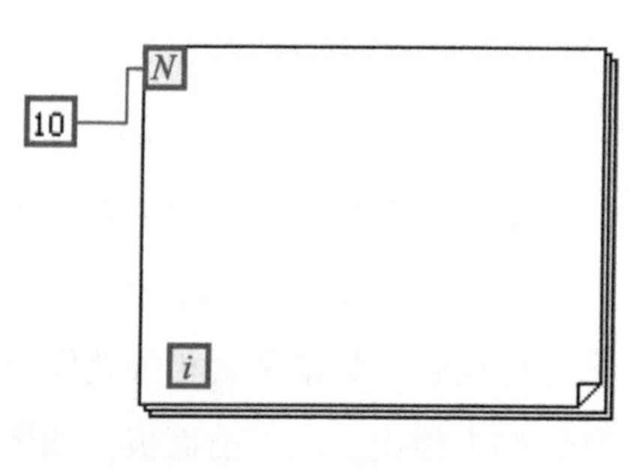

图5-4　For循环示意

For循环将指定框图中的程序执行次数。For循环具有下面这两个端子：计数端子（输入端子）*N*——用于指定循环执行的次数；周期端子（输出端子）*i*——循环已经执行的次数。

下面我们通过一个例子来了解For循环的应用。

要求： 建立一个VI，利用For循环结构读取温度，实现1min内每秒读一次温度值。设置前面板如图5-5所示。将“Second Elapsed”修改为32位整型数据。将前述章节中的程序“tem1. vi”中温度信号输入改为0～100间的随机数，定义其为子程序“tem3. vi”，图标定义为。程序保存为“tem4. vi”。

具体实现步骤如下。

1）新建VI。

2）设计前面板。确定程序需要输入控制器和显示指示器的数量及类型。本例中只需要两个数值型显示指示器。其中循环次数“Second Elapse”要求为32位整型数据，在前面板右键单击数值控制器“Second Elapse”，在弹出的选项中选择“Representation”，再选择I32类型，即32位整型数据。

3）更改“tem1. vi”，将程序中的温度输入替换成0～100间的随机数，如图5-6所示。重新定义图标，并保存为“tem3. vi”。

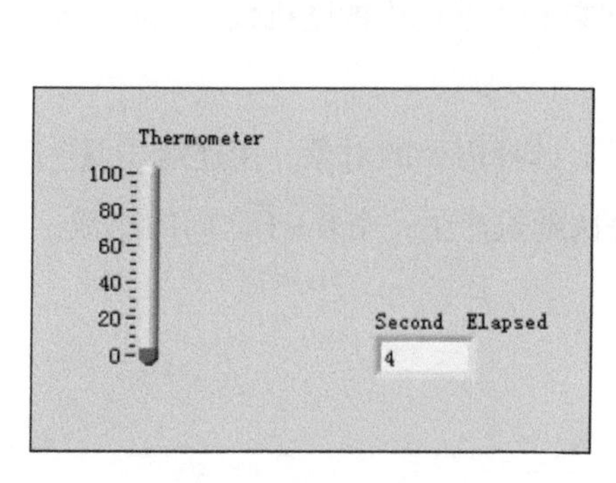

图5-5　定时读温度前面板

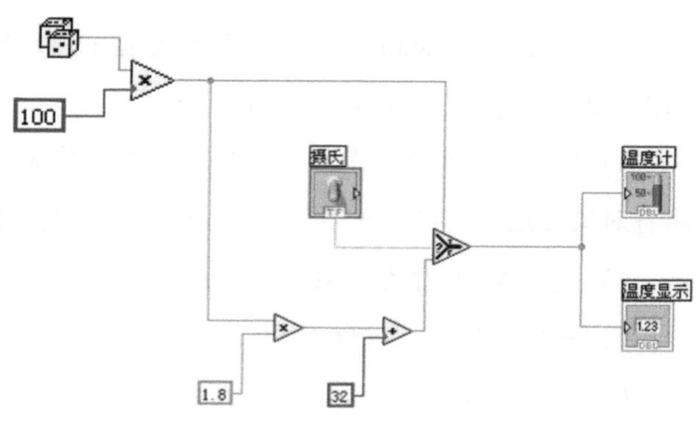

图5-6　tem3. vi程序框图

4）设计定时读温度程序框图。按图5-7所示，在函数选板上选择需要的对象，用连线工具将各对象按规定连接。其中表示等待整数个毫秒以后，再执行下一次循环。本例中要求1min内每秒读一次温度值，所以赋值为1000ms，即为1s执行一次循环，产生一个0~100之间的温度值；采集1min，For循环次数为60次。由于计数器i是从0开始的，即第一次循环$i=0$，不符合我们的习惯，故将$i+1$后进行输出显示。将文件保存为“tem4. vi”。

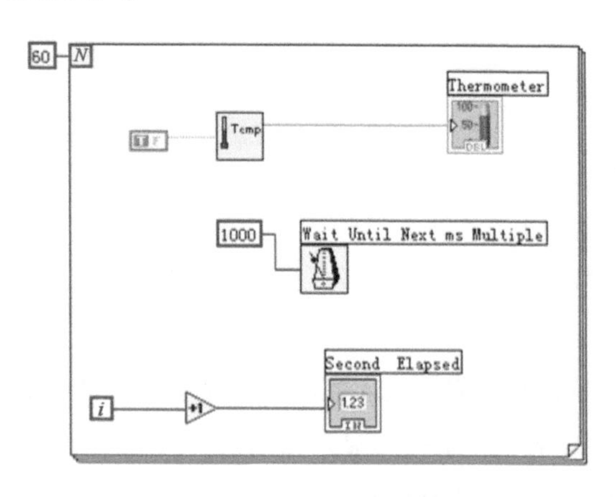

图5-7 定时读温度程序框图

5）关闭VI。

5.2 分支结构

Case（分支）结构含有两个或者更多的子程序，执行哪一个子程序取决于与选择端子或者选择对象的外部接口相连接的某个整数、布尔数、字符串或者标识的值。当选择端子连接的是布尔型变量时，只有“True Case”和“False Case”两种。当连接的是数字型变量时，分支框上面的标识将变成数字0、1……根据输入量的不同，分支结构选择运行不同的子程序。必须选择一个默认的Case以处理超出范围的数值，或者直接列出所有可能的输入数值。Case结构如图5-8所示，各个子程序占有各自的流程框，在其上沿中央有相应的子程序标识：“True”“False”或1、2、3……。倒三角位置用来切换当前显示的子程序（各子程序是重叠放在屏幕同一位置上的）。

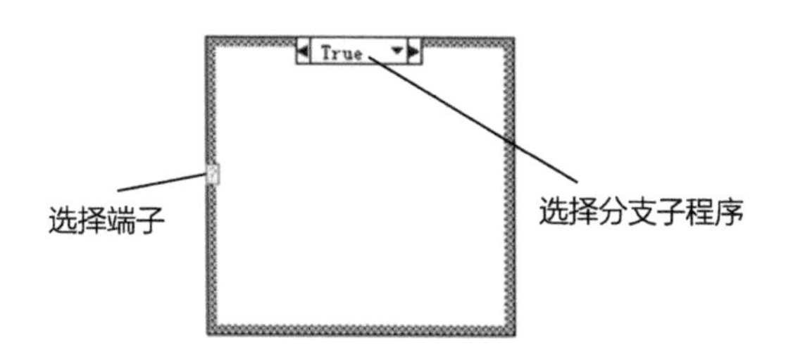

图5-8 Case结构示意

通过一个例子来介绍分支结构的应用方法。

要求： 用分支结构建立一个 VI，对一个数字量求二次方根。设置前面板如图 5 - 9 所示。运行并观察结果，改变输入值，观察程序是否被正确执行。保存 VI 为“Square1. vi”。

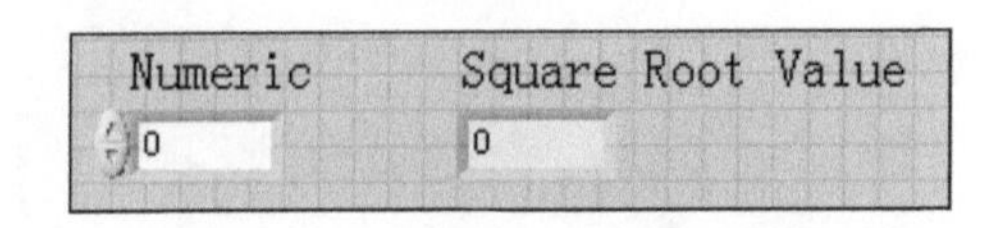

图 5 - 9　开二次方根前面板

具体实现步骤如下。

1）新建 VI。

2）设计前面板。确定程序需要输入控制器和显示指示器的数量及类型。本例中需要一个数值型输入控制器和一个数值型显示指示器。

3）编辑程序框图。本题是求数字量二次方根，因负数不能进行二次方根求解，故需要先对输入值是否大于或等于 0 进行判断。若是，则进行开二次方根求解；若小于 0，则进行报错。根据以上分析，添加分支结构，按图 5 - 10 和图 5 - 11 所示编辑程序框图。

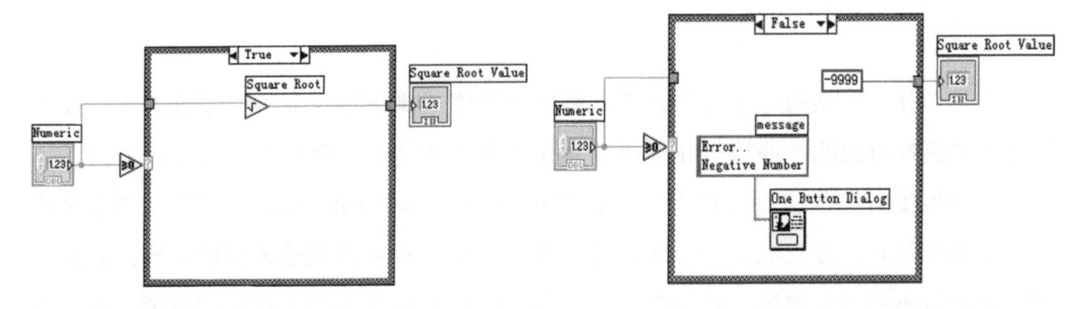

图 5 - 10　开二次方根 True 程序框图　　图 5 - 11　开二次方根 False 程序框图

4）分别输入整数、负数和 0，观察程序运行结果。将文件保存为“Square1. vi”。

5）关闭 VI。

5.3 顺序结构和公式节点

5.3.1 顺序结构

VI 程序的运行是由“数据流”驱动的，有时候必须对这种数据流进行控制，这样就用到了顺序结构。在 LabVIEW 中有两种顺序结构，即“Flat Sequence Structure”和

“Stacked Sequence Structure”，如图 5 – 12 所示。

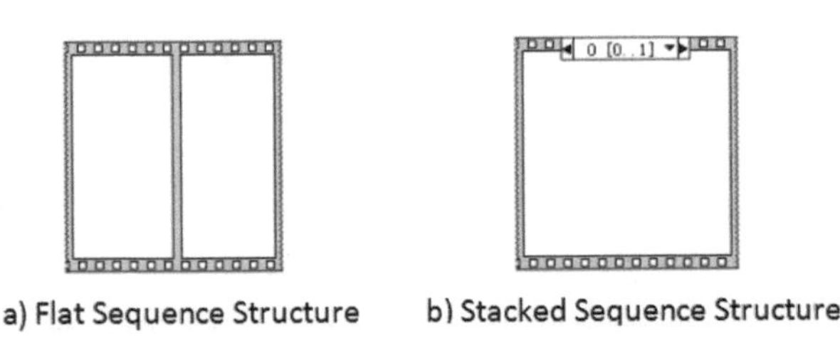

图 5 – 12　两种顺序结构

使用“Flat Sequence Structure”可以看到整个程序框图，当程序框图所占空间的大小允许时，可以使用这种顺序结构。在程序框上单击鼠标右键，在弹出的快捷菜单中选择“Add Frame After”或“Add Frame Before”，这样可以在本帧后或前再添加一帧，如图 5 – 13a 所示。

使用“Stacked Sequence Structure”比较节省空间，但是数据在各帧中的传递必须通过“Sequence Local”来实现，并且每次只能显示一帧。可以用类似的方法来添加前一帧或后一帧，在弹出的快捷菜单中选择“Add Sequence Local”，则在顺序结构中添加“Sequence Local”，如图 5 – 13b 所示。

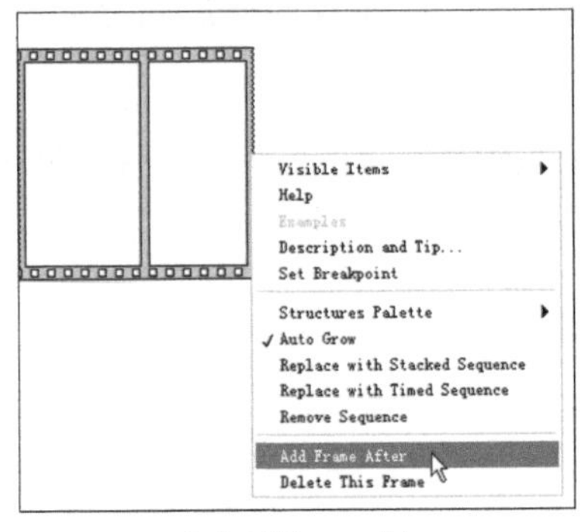

a) Add Frame After

b) Add Sequence Local

图 5 – 13　添加帧

5.3.2　公式节点

一些复杂的计算过程可以交给公式节点来完成，我们所要做的就是将计算公式输入公式节点，规定输入值和输出值即可。在 Structures 中可以找到公式节点。例如等式 $y = x^2 + x + 1$ 使用公式节点可以用图 5 – 14 来表示。

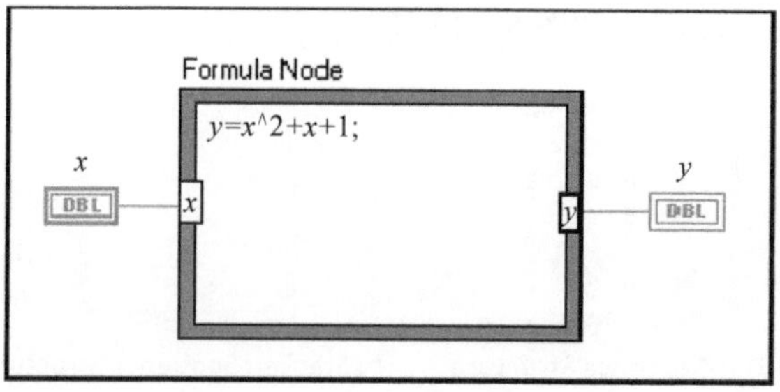

图5－14　公式节点示意

利用公式节点可以直接输入一个或者多个复杂的公式，而不用创建流程图的很多子程序。使用文本编辑工具来输入公式。创建公式节点的输入和输出端子的方法是，用鼠标右键单击第0帧的底部边框，选择“Add Input”(Add Output)，再在节点框中输入变量名称，(变量名称区分大小写)，然后就可以在框中输入公式了。每个公式语句都必须以分号（;）结尾。

公式节点的帮助窗口中列出了可供公式节点使用的操作符、函数和语法规定。一般来说，它与C语言非常相似，大体上一个用C语言编写的独立程序块都可能用到公式节点中。但是仍然建议不要在一个公式节点中编写过于复杂的代码程序。

公式节点中可以执行不同条件时的数据发送。下面我们通过和分支结构相似的例子来举例说明。

要求：如果 x 为正数，程序将算出 x 的二次方根并把该值赋给 y，如果 x 为负数，程序就给 y 赋值 -99。

```
if (x > =0) then
y =sqrt (x)
else
y = -99
end if
```

公式节点取代上面这段代码，如图5－15所示。

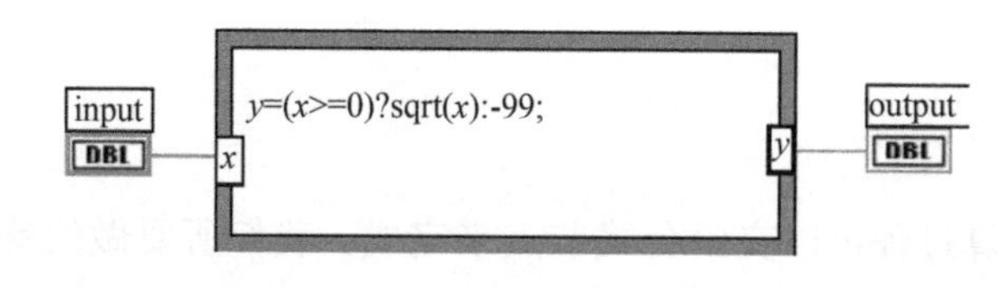

图5－15　公式节点举例

注意：公式节点中变量字母 x，y 大、小写是有区别的，开二次方的函数“sqrt(x)”中函数名称是小写。

第 6 章　LabVIEW 数组、簇、图形编程

Chapter Six

6.1 数组

数组是同类型元素的集合，包含两方面的内容：元素和维数。数组中的元素可以是数字、布尔、字符、路径、波形和簇等数据类型。一个数组可以是一维或者多维的，如果必要，每维最多可有 $2^{31}-1$ 个元素。可以通过数组索引访问其中的每个元素。索引的范围是 $0\sim(n-1)$，其中 n 是数组中元素的个数。图 6-1 所示的是由数值构成的一维数组。注意第一个元素的索引号为 0，第二个是 1，依此类推。

index	0	1	2	3	4	5	6	7	8	9
10-element array	1.2	3.2	8.2	8.0	4.8	5.1	6.0	1.0	2.5	1.7

图 6-1　一维数组

6.1.1　数组的创建

建立数组的步骤如下。

1）从 Array 的 Matrix 子模板上选中“Array”，放置在前面板设计窗口中，此时为一个数组空壳，可以向里面添加（用拖拽的方法）数字、布尔、字符等数据类型的控制器或指示器，来建立相应的数组控制器和指示器。此时可以看到数组上有两个显示窗口，如图 6-2 所示。

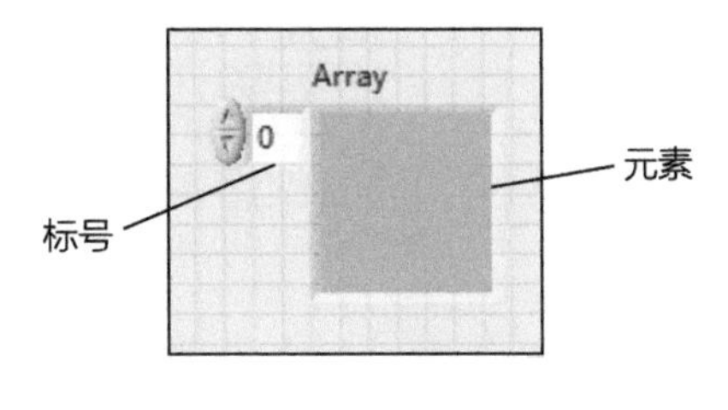

图 6-2　数组示意

标号显示窗口——标号从 0 开始，每单击一次“增加”键，标号显示值顺序递增。这个标号就是数组元素的序号。对于一个含几个元素的数组，其标号为 $0\sim(n-1)$。

元素显示窗口——用来显示元素的数值。数组中的元素按序号排列。数组元素的查找按行/列标号进行。

2）鼠标右键单击标号窗口，弹出一个快捷菜单，如图 6-3 所示，选择“Add Dimension”来增加数组的维数。每单击“Add Dimension”选项一次，维数就增加一维。

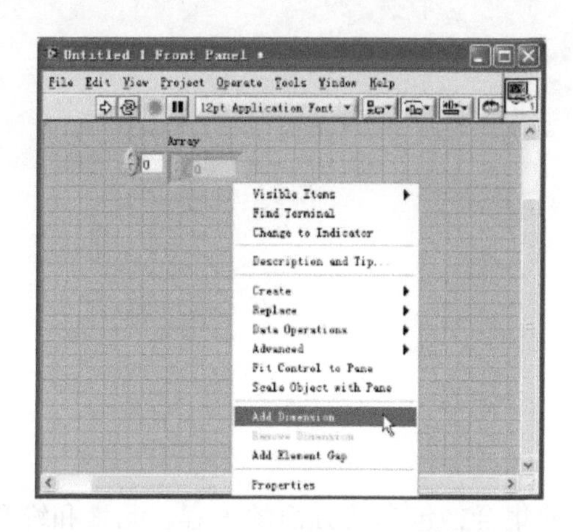

图6-3 增加数组维数

6.1.2 数组的操作

LabVIEW 提供了很多用于操作数组的功能函数，位于函数选板的数组中。

（1）创建数组 “Build Array”函数（Functions→Array），用于根据标量值或者其他数组创建一个数组。图 6-4 所示为利用流程图中常数对象的值创建和初始化数组的两种方法。左侧的方法是，将 5 个字符串常数放入一个一维字符串数组中。右侧的方法是，将三组数值常数放入三个一维数值数组中，再将这三个数组组成一个二维数组，这样最后产生的是一个 3×3 的数组，三列分别是：3、4、7；-1、6、2；5、-2、8。

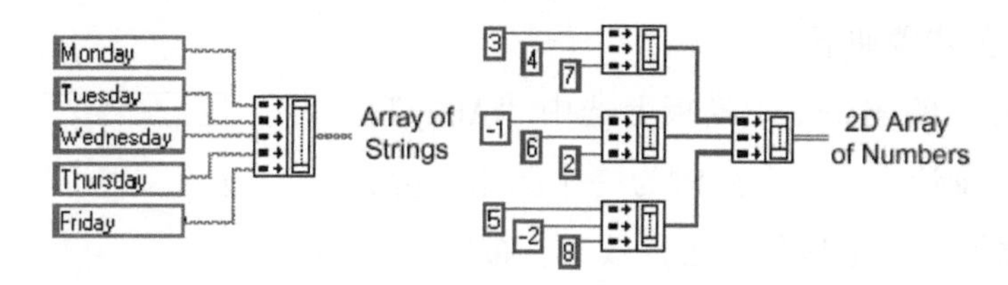

图6-4 创建数组

还可以通过结合其他含有标量元素的数组来创建数组。例如，假设有两个数组，三个标量元素，可把它们组成一个新的数组，顺序是：数组 1、标量 1、标量 2、数组 2、标量 3。

（2）初始化数组 “Initialize Array” 函数，用于创建所有元素值都相等的数组。图 6－5 所示为利用该功能函数创建的一个一维数组。

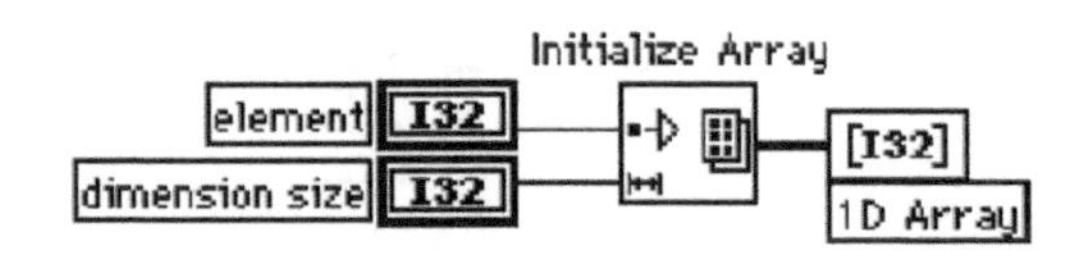

图6－5 初始化一维数组

元素输入端子决定每个元素的数据类型和数值，维长度输入端子决定数组的长度。例如，假设元素类型是长整型，值为5，维长度为100，那么创建的数组是一个一维的，由100个值为5的长整型元素组成的数组。也可以从前面板输入控制器、流程图常数或者程序其他部分的计算结果得到输入值。

创建和初始化一个多维数组的方法是，用鼠标右键单击函数的右下侧，在弹出菜单中选择“Add Dimension”。还可以使用变形光标来增大初始化数组节点的面积，为每个增加的维添加一个维长度输入端子。也可以通过缩小节点的方法来删除维，即从函数的弹出菜单中选择“Remove Dimension”，或者使用变形光标。初始化三维数组的过程如图6－6所示。如果所有的维长度输入值都是0，则该函数会创建一个具有指定数据类型和维数的空数组。

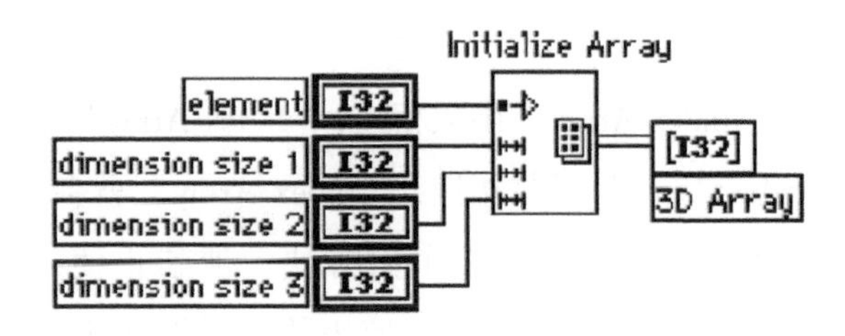

图6－6 初始化三维数组

（3）数组大小 “Array Size” 函数，用于返回输入数组中的元素个数。求数组大小的过程如图6－7所示。

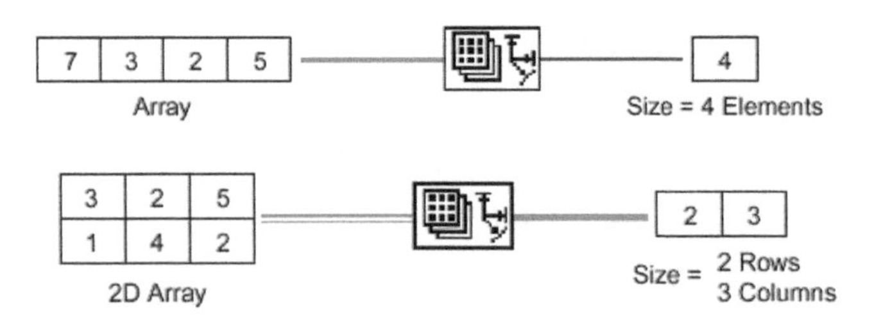

图6－7 求数组大小

（4）数组子集 “Array Subset” 函数，用于选取数组或者矩阵的某个部分。该函数可以返回从某个指针开始的部分数组，并且包括了长度元素。数组子集如图 6 - 8 所示。注意，数组索引从 0 开始。

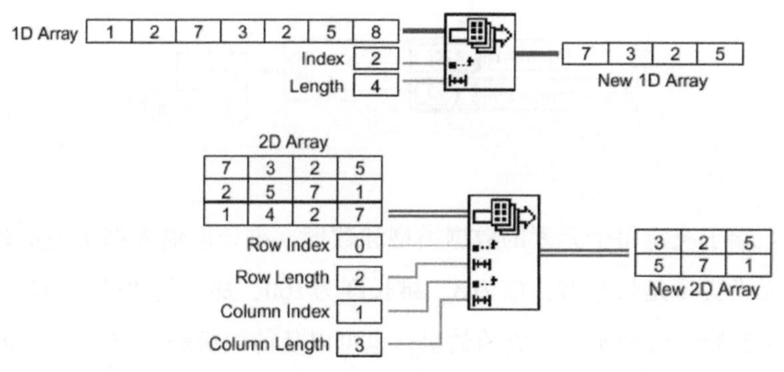

图6 -8　数组子集

(5) 索引数组　“Index Array” 函数，用于访问数组中的某个元素。图 6 - 9 所示为一个索引函数的例子，它用于访问数组中的第三个元素。注意，因为第一个元素的索引为 0，所以第三个元素的索引是 2。

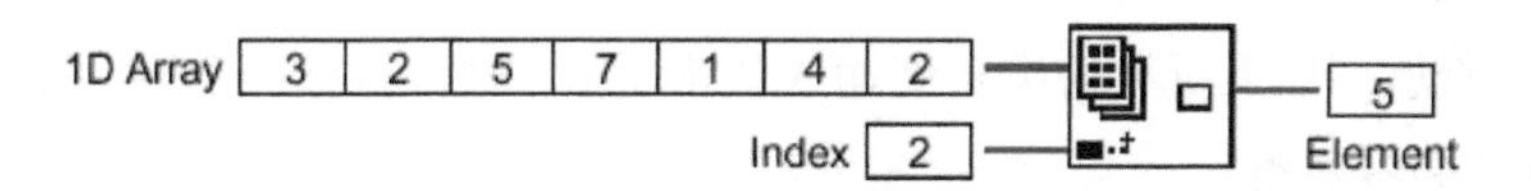

图6 -9　索引数组元素

将一个二维数组与 “Index Array” 函数相连，“Index Array” 就会含两个索引端子。将一个三维数组与 “Index Array” 函数相连，“Index Array” 就会含三个索引端子，依此类推。可以使用的索引端的符号是一个黑方块，被禁止使用的索引端（Disable Indexing）是一个空心方框。当给 1 个被禁止使用的索引端连接上一个 “Constant” 或 “Control” 时，它会自动变为黑方块，即变为可以索引。相反，原来一个可以使用的索引端上连接的 “Constant” 或 “Control” 被删去时，索引端符号会自动变为空心方框，即变为禁止使用。也可以按照任何维的组合提取子数组。图 6 - 10 所示为从一个二维数组中提取一个一维的行或者列数组。

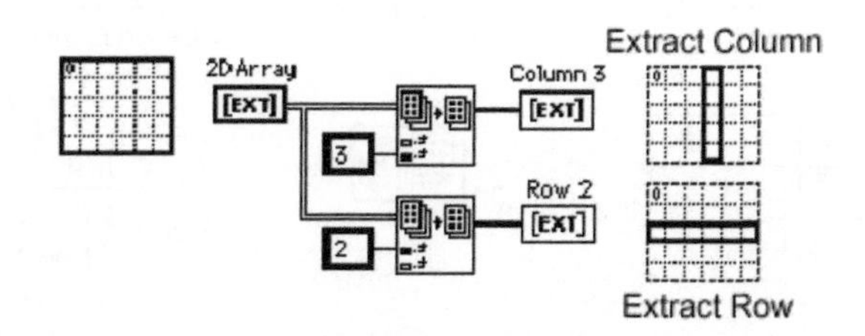

图6 -10　索引数组

下面通过一个例子来加深对数组的了解。

要求： 创建随机数据构建数组，并对数组中的元素进行处理，构建新的数组及子数组。设置前面板如图 6－11 所示，其中“Start Subset”和“#of Elements”为 32 位整型数。设计程序框图如图 6－12 所示。保存为“array1. vi”。

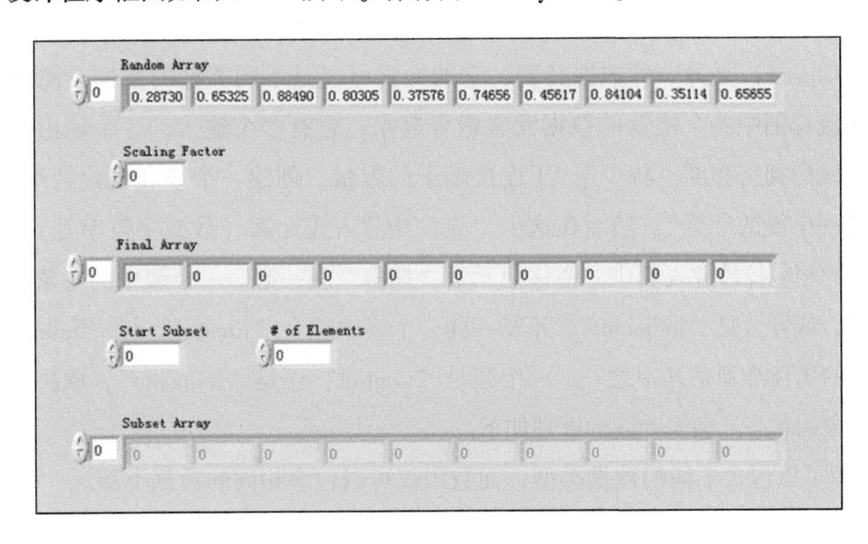

图 6－11　数组操作练习前面板

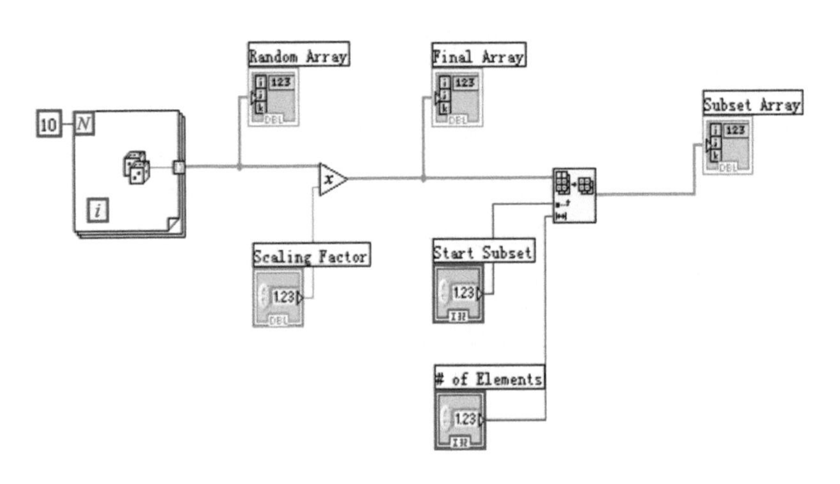

图 6－12　数组提取程序框图

这个例子是用 For 循环随机产生 10 个数，为原始数组赋初值，然后将所有原始数值与“Scaling Factor”输入器输入的值相乘，这样就相当于放大了需求倍数，于是便得到了“Final Array”，接下来再用索引数组函数，提取子数组。

6.2 簇

6.2.1 簇的创建及说明

簇（Cluster）是另一种数据类型，它的元素可以是不同类型的数据。使用簇可以把分布在流程图中各个位置的数据元素组合起来，它有多个输入，一个输出，这样可以减少连线的拥挤程度，减少子 VI 连接端子的数量。创建一个簇和创建数组相类似，首先创建一个簇的“壳”，然后在这个“壳”中置入簇元素（数或字符串等），即将控制模板中的相应控件放入其中，俗称把元素“捆绑”在一起。一个簇中的对象必须全是“Control”，或者全是“Indicator”，不能在同一个簇中组合“Control”与“Indicator”，因为簇本身的属性必须是其中之一。一个簇是“Control”还是“Indicator”，取决于其内部第一个对象的状态。数组和簇的区别如下。

1）簇可以包含不同的数据类型，而数组仅可以包含相同的数据类型。

2）簇具有固定大小。

簇中的元素都有一个序号，它与簇内元素的位置无关。簇内第一个元素的序号为 0，第二个元素的序号是 1，依此类推。如果删除一个元素，序号将自动调整。如果想将一个簇与另一个簇连接，则这两个簇的序号和类型必须相同。如果想改变簇内元素的序号，可鼠标右键单击簇控件的边框，弹出一个快捷菜单，如图 6－13 所示。其中“Reorder Controls In Cluster”用于设置簇中各元素的排列顺序。

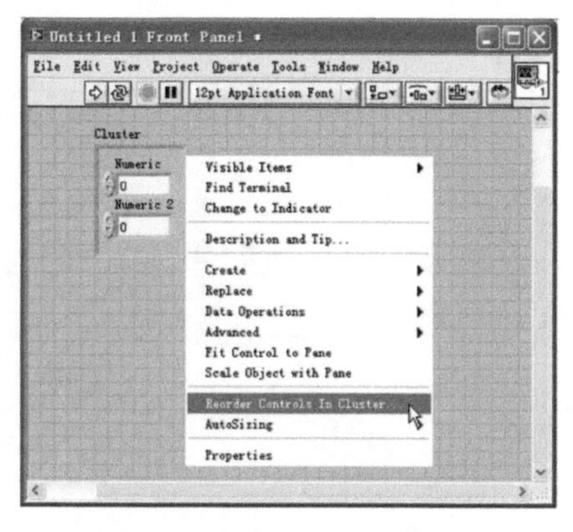

图 6－13　改变簇的序号

6.2.2 使用簇与子 VI 传递数据

一个 VI 的连接窗口最多有 28 个端子，如果使用全部 28 个端子传递数据，这样做既烦琐又容易出现错误。通过把控制对象或显示对象捆绑成一个簇的方法，仅使用一个端子就可以实现这一功能。下面介绍簇的捆绑和分解。

（1）捆绑（Bundle）数据　Bundle 功能将分散的元素集合为一个新的簇，或允许重置一个已有的簇中的元素。可以用位置工具拖拽其图标的右下角以增加输入端子的个数。最终簇的序取决于被捆绑元素的输入顺序。

（2）分解（Unbundle）簇　Unbundle 功能是 Bundle 的逆过程，它将一个簇分解为若干分离的元素。如果要分解一个簇，就必须知道它的元素个数。LabVIEW 还提供了一种可以根据元素的名字来捆绑或分解簇的方法，在 6.2.3 中介绍。

下面通过一个例子来熟悉簇的基本操作。

要求：创建簇，分解簇，再捆绑簇，并且在另一个簇中显示其内容。设置前面板如图 6－14 所示。设计程序框图如图 6－15 所示。保存为“cluster exercise. vi”。

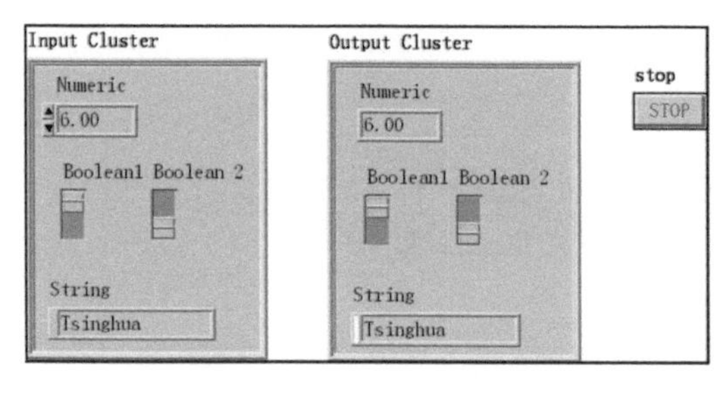

图 6－14　簇基本练习前面板

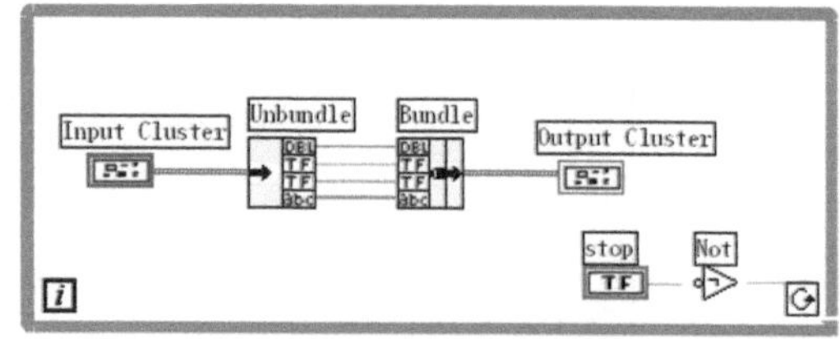

图 6－15　簇基本练习程序框图

具体实现步骤如下。

1）打开前面板，创建一个簇壳（Array & Cluster palette），标签改为“Input Cluster”，拖拽至适当大小。

2）在这个簇壳中放置一个数字输入控制器，两个布尔开关和一个字符串输入控制器。按照以上步骤，创建“Output Cluster”。注意将各输入控制器改为相应的显示指示器。

3）用快速菜单查看两个簇的序是否一致，若有差别需修改。

4）在前面板上设置一个“STOP”按钮。注意其默认值为“FALSE”，不要改变它的状态。

5）建立如图 6－15 所示的框图。注意在“STOP”按钮与循环条件端子之间接入了一个“NOT 函数”，因为按钮默认值为“FALSE”，经“NOT 函数”后变为“TRUE”，这就意味着当按钮状态不变时，循环继续执行，相反一旦按钮动作，则循环终止。

6）返回前面板并运行 VI。在输入簇中输入不同的值观察输出变化情况。

7）关闭并保存程序“cluster exercise. vi”。

6.2.3　用名称捆绑与分解簇

有时不需要汇集或分解整个簇，而仅仅需要对其一两个元素进行操作。这时可以用名称来捆绑与分解簇。在“Cluster”工具模板中除了“Bundle”及“Unbundle”功能外，还提供了“Bundle By Name”和“Unbundle By Name”功能。它们允许根据元素的名称（而不是其位置）来查询元素。与“Bundle”不同，使用“Bundle By Name”可以访问所需要的元素，但不能创建新簇，它只能重置一个已经存在的簇的元素，同时必须给“Bundle By Name”图标中间的输入端子一个输入，以明确要替换其元素的簇。“Unbundle”可返回指定名称的簇元素，不必考虑簇的序和大小。举例如图 6 - 16 所示。

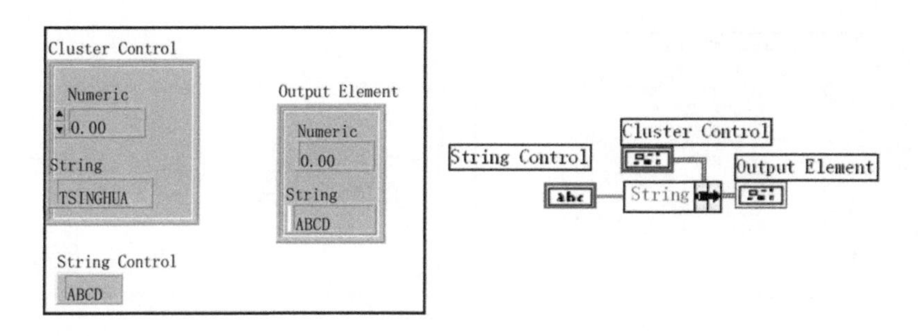

图6 -16　用名称操作簇

在上面的例子中，“Cluster Control”中有两个元素，一个是数值型（名称是 Numeric），另一个是字符串型（名称是 String），“String Control”中是字符串“ABCD”，框图见右侧，运行该程序，即可将簇内字符串的值重置。

6.3 图形

图形显示对于虚拟仪器面板设计是一个重要的内容。LabVIEW 为此提供了丰富的功能。LabVIEW 的图形子模板（Controls →All Controls →Graph）能够提供完成各种图形显示功能的控件。在 LabVIEW 的图形显示功能中，“Graph”和“Chart”是两个基本概念。一般说来“Chart”是将数据源（例如采集到的数据）在某一坐标系中，实时、逐点地显示出来，它可以反映被测物理量的变化趋势，例如显示一个实时变化的波形或曲线，传统的模拟示波器和波形记录仪就是这样的。而“Graph”则是对已采集的数据进行事后处理。它先将被采集数据存放在一个数组之中，然后根据需要组织成图形显示出来。它的缺点是没有实时显示，但是其表现形式要丰富得多。例如采集了一个波形后，经处理可以显示出其频谱图。现在，数字示波器也可以具备类似 Graph 的显示功能。LabVIEW 的 Graph 子模板中有许多可供选用的控件，其中常用的见表 6 - 1。

表 6-1　常用图形控件

名称	Chart	Graph
Waveform（波形图）	√	√
XY 图		√
Intensity（强度图）	√	√
Digital（数字图）		√
3D Surface（三维曲面）		√
3D Parametric（三维参变量）		√
3D Curve（三维曲线）		√

由表 6-1 可以看出，"Chart"方式尽管能实时、直接地显示结果，但其表现形式有限，而"Graph"方式的表现形式要更加丰富，但这是以牺牲实时性为代价的。下面主要介绍图形子模板中三种常用的图形控件："Waveform Graph""Waveform Chart"和"*XY* Graph"。

6.3.1　Waveform Graph

"Waveform Graph"图形控件用于完成信号的静态显示，如图 6-17 所示。

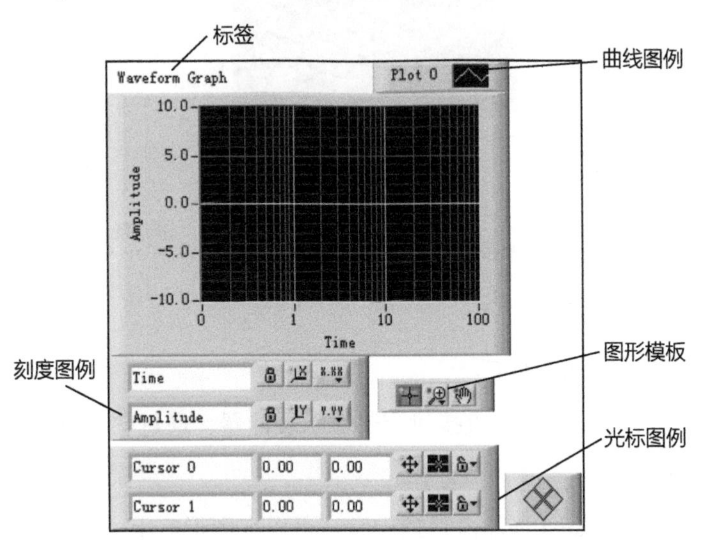

图 6-17　"Waveform Graph"图形控件

图 6-17 中各部分含义如下：

1）曲线图例可用来设置曲线的各种属性，包括线型（实线、虚线、点画线等）、线粗细、颜色以及数据点的形状等。

2）图形模板可用来对曲线进行操作，包括移动、区域放大和缩小等。

3）光标图例可用来设置光标、移动光标，用光标直接从曲线上读取数据。

4）刻度图例可用来设置坐标刻度的数据格式、类型（普通坐标或对数坐标）、坐标轴名称以及刻度栅格的颜色等。

它与“Waveform Chart”菜单的主要区别为：一是没有“Chart History Length”选项；二是在“Visible Items”选项中增加了“Cursor Display”选项，用该选项可以跟踪特定点的数据变化过程。

6.3.2 Waveform Chart 控件

“Waveform Chart”的数据并没有事先存在一个数组中，它是实时显示的，为了能够看到先前的数据，“Waveform Chart”控件内部有一个显示缓冲器，其中保留了一些历史数据。这个缓冲器按照先进先出的原则管理数据，其最大容量是 1024 个数据点，如图 6－18 所示。

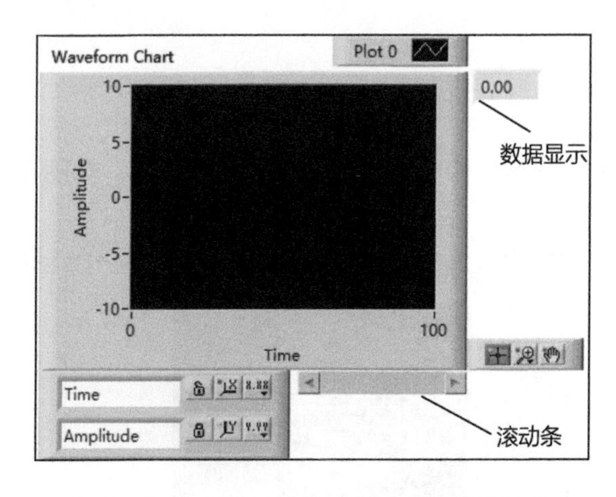

图6－18 “Waveform Chart” 图形控件

图 6－18 中各部分含义如下：

1）滚动条（Scrollbar）。它直接对应于显示缓冲器，通过它可以向前或向后观察缓冲器内任何位置的数据。

2）数据显示（Digital Display）。选中它，可以在图形右上角出现一个数字显示器，这样可以在画出曲线的同时显示当前最新的一个数据值。

“Waveform Chart”提供了以下三种画面刷新模式。

1）Strip Chart Mode（条状图）：它与纸带式图表记录仪相类似。曲线从左到右连续绘制，当新的数据点到达右部边界时，先前的数据点逐次向左移动。

2）Scope Chart Mode（示波器模式）：它与示波器类似。曲线从左到右连续绘制，当新的数据点到达右部边界时，清屏刷新，从左边开始新的绘制。它的速度较快。

3）Sweep Chart Mode（扫描模式）：与示波器模式的不同在于当新的数据点到达右部边界时，不清屏，而是在最左边出现一条垂直扫描线，并以它为分界线，将原有曲线逐点向右推，同时在左边画出新的数据点，如此循环下去。

下面通过一个例子对“Waveform Chart”和“Waveform Graph”进行比较。创建一个 VI，用“Waveform Chart”和“Waveform Graph”分别显示 40 个随机数产生的曲线，比较程序的差别。前面板及流程图如图 6－19 所示。

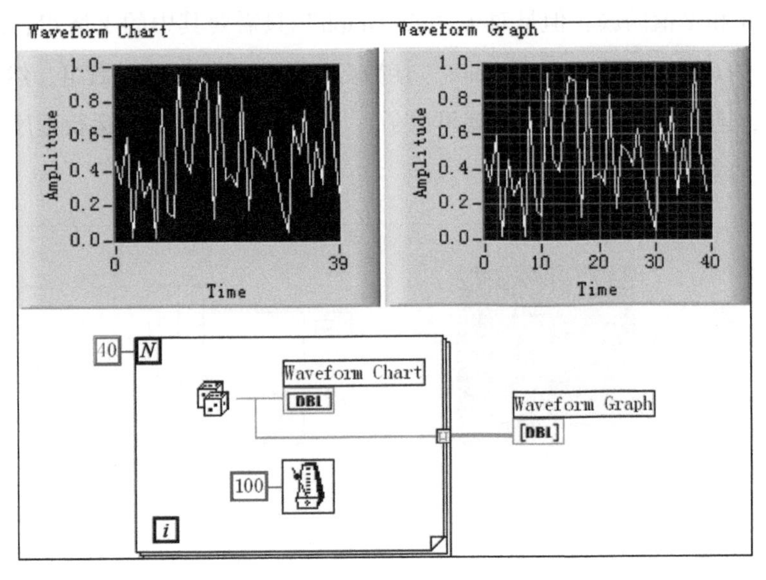

图 6－19　“Waveform Chart” 和 “Waveform Graph” 的比较

显示的运行结果一样，但实现方法和过程有所不同。在流程图中可以看出，“Waveform Chart”产生在循环内，每得到一个数据点，就立刻显示一个。而“Waveform Graph”产生在循环之外，当 40 个数据都产生之后，则跳出循环，然后一次显示出整条数据曲线。从运行过程可以清楚地看到这一点。值得注意的还有 For 循环执行 40 次，产生的 40 个数据存储在一个数组中，这个数组创建于 For 循环的边界上（使用自动索引功能）。在 For 循环结束之后，该数组就将被传送到外面的“Waveform Graph”。仔细查看流程图，穿过循环边界的连线在内、外两侧粗细不同，内侧表示浮点数，外侧表示数组。

6.3.3　*XY* Graph

波形图有一个特征，*X* 是测量点序号、时间间隔等，*Y* 是测量数据值。但是，它并不适合描述一般的 *Y* 值随 *X* 值变化曲线。适合于这种情况的控件是“*XY* Graph”。下面通过一个构成利萨育图形的例子来说明。当控制*XY*方向的两个数组分别按正弦规律变化（假设其幅值、频率都相同）时，如果它们的相位相同，则利萨育图形是一条45°的斜线，当它们之间的相位差为90°时为圆，其他相位差是椭圆。利用“*XY* Graph”构成利萨育图形，面板和框图如图6－20所示。

面板上除了一个“*XY* Graph”外，还有一个相位差输入控件。在框图中使用了两个“sine waveform. vi”，第一个所有输入参数（包括频率、幅值、相位等）都使用默认值，所以其初始相位为0。第二个将其初始相位作为一个控件引到面板上。它们的输出是包括t0、*d*t和*Y*值的簇，但是对于“*XY* Graph”只需要其中的*Y*数组，因此使用波形函数中的“Get Waveform Components”函数分别提取出各自的*Y*数组，然后再将它们捆绑在一起，连接到“*XY* Graph”就可以了。当相位置为45°时，运行程序后可得到如图6－20所示的椭圆。

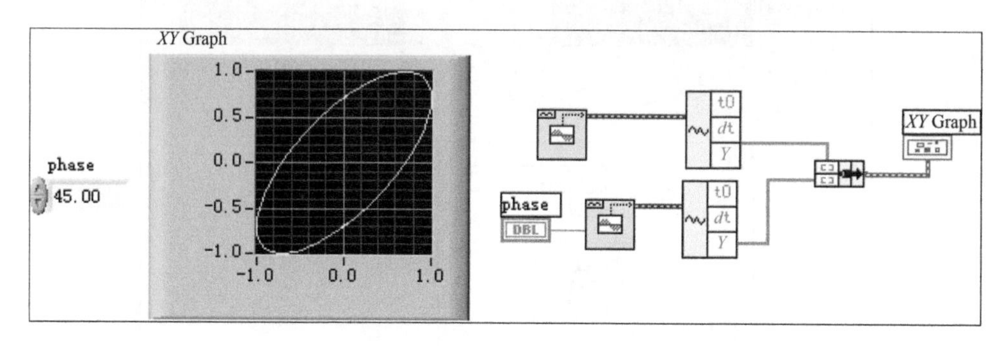

图6－20　利用“*XY* Graph”构成利萨育图形

第 7 章　字符串、文件输入输出和属性节点编程

Chapter Seven

7.1　字符串

一个字符串是指一个可显示或不可显示的 ASCII 字符序列。不可显示的字符如换行符、制表位等。字符串为信息和数据提供了一个独立的平台格式。字符串函数面板如图 7－1 所示。

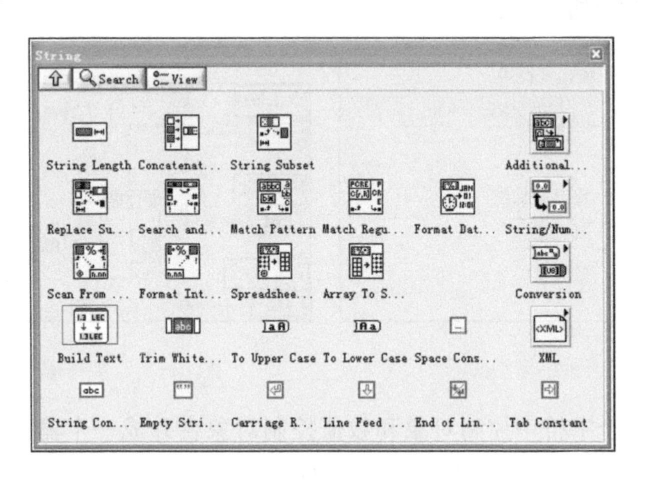

图 7－1　字符串函数面板

以下各项列出了更多字符串的常用范围。

1）创建简单的文本信息。

2）以字符串的形式传输数值型数据到仪器，并把这些字符串重新转换为数字数据。

3）存储数值型数据到磁盘。要以 ASCII 文件的形式存储数值型数据，必须在数值型数据写入磁盘文件之前将其转换为字符串。

4）以对话框形式对用户做出指示或提示。

在前面板中，字符串以表（table）、文档框以及标题的形式出现；在框图中，使用字符串函数对字符串进行编辑和操作。

在“Functions”→“All Functions”→“String”中找到字符串函数面板，并可按如下方式对字符串进行编辑。

1）寻找、检索以及在一个字符串里更换字符或字符串。

2）在一个字符串里把所有的文本文档改为大写或小写。

3）在一个字符串里寻找和检索匹配的模式。

4）在一个字符串里检索一个队列。

5）在一个字符串里旋转和反转一个文本文档。

6）连接两个或更多的字符串。

7）在一个字符串里删除字符。

要想在其他 VI、函数以及应用中使用相同的数据，用户通常必须将数据转换为一个字符串，并将其转化为其他 VI、函数以及应用中能够识别的格式。

下面通过一个例子来了解字符串的部分操作。要求：将一个数值转换成字符串，并把该字符串和其他字符串连接起来组成一个新的输出字符串。设计前面板如图 7－2 所示，设计程序框图如图 7－3 所示。

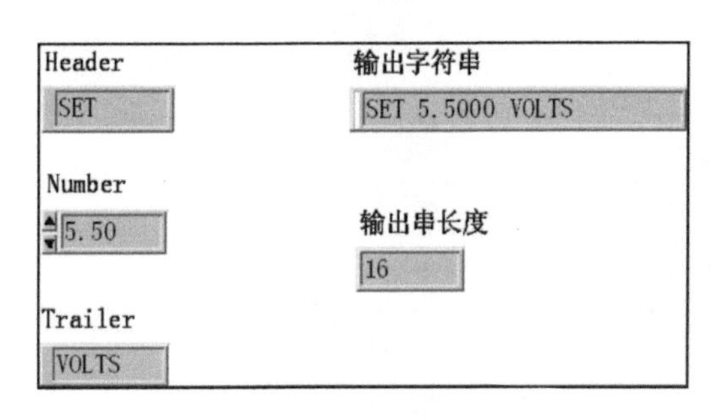

图 7－2　字符串练习前面板

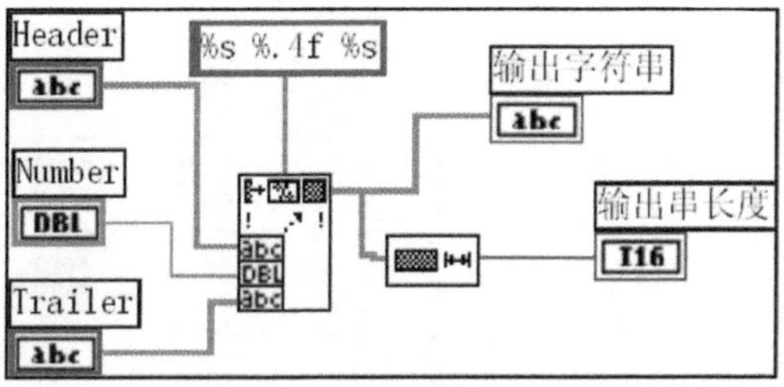

图 7－3　字符串练习程序框图

本练习是让两个字符串控制对象和数值控制对象合并成一个输出字符串并显示在字符串显示器中。数值显示器显示出字符串的长度。输出字符串是一个 GPIB（IEEE 488）命令字符串，它可用来和串口仪器（RS-232 或者 RS-422）进行通信。其中用到的两个函数功能如下。

1）“Format Into String”函数（Functions→String），在本练习中它用于对数值和字符串进行格式化，使它们成为一个输出字符串。用变形工具可以添加三个加和输入。

2）“String Length”函数（Functions→String），在本练习中它用于返回一个字符串的字节数。

具体步骤如下。

1）执行该 VI。注意，“Format Into String”函数将两个字符串控制对象和数值控制对象组合成一个输出字符串。

2）把该 VI 保存为 build string. vi，在下一个练习中还将用到这个 VI。

3）字符串格式的设定。选中“Format Into String”函数，单击鼠标右键，在快速菜单中选择“Edit Format String”，可分别对输入的各部分格式加以设定。

7.2 文件输入/输出

文件输入/输出（File I/O）完成的是数据和文件之间的转换，其子模板如图 7－4 所示。

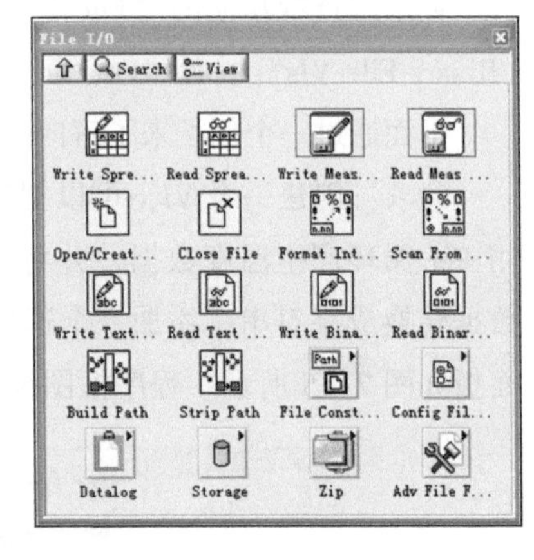

图 7－4　“File I/O”子模板

“File I/O”功能用来解决以下几方面问题。

1）打开和关闭数据文件。

2）读出文件数据和写入数据到文件。

3）从电子表格读出和写入数据。

4）文件和目录的移动以及重命名。

5）改变文件的属性。

6）创建、修改配置文件。

可以采用下面三种文件格式存储或者获得数据。

1）ASCII 字节流。如果希望让其他软件（比如字处理程序或者电子表格程序）也可以访问数据，就需要将数据存储为 ASCII 格式。为此，需要把所有数据都转换为 ASCII 字符串。

2）数据记录文件。这种文件采用的是只有 C 语言可以访问的二进制格式。数据记录文件类似于数据库文件，因为它可以把不同的数据类型存储到同一个文件记录中。

3）二进制字节流，这是能最紧凑、最快速地存储文件的格式。必须把数据转换成二进制字符串的格式，还必须清楚地知道在对文件读写数据时采用的是哪种数据格式。

大多数的“File I/O”操作都包括三个基本步骤：打开一个已有的文件或者新建一个文件；对文件进行读写；关闭文件。LabVIEW 在“Functions→File I/O”中提供了很多有用的工具 VI。部分功能介绍如下。

1）“Write To Spreadsheet File VI”，用于将由单精度数值组成的一维或者二维数组转换成文本字符串，再将它写入一个新建文件或者已有文件中。该 VI 先打开或者新建一个文件，然后再关闭该文件。它可以用于创建能够被大多数电子表格软件读取的文本文件。

2）“Read From Spreadsheet File VI”，用于从某个文件的特定位置开始读取指定个数的行或者列内容，再将数据转换成二维、单精度数组。该 VI 先打开文件，然后再关闭文件。它可以用于读取用文本格式存储的电子表格文件。

3）“Write Characters To File VI”，用于将一个字符串写入一个新建文件或者已有文件。该 VI 打开这个文件并写入数据，然后再关闭文件。

4）“Read Characters From File VI”，用于从某个文件的特定位置开始读取指定个数的字符。该 VI 先打开文件，然后再关闭文件。

5）“Read Lines From File VI”，用于从某个文件的特定位置开始读取指定个数的行内容。该 VI 先打开文件，然后再关闭文件。

如果想查看其他的“File I/O”功能函数，请选择“Function”→“File I/O”→“Binary File VIs”或者“Function”→“File I/O”→“Advanced File Functions”。

下面通过一个例子来了解向文件添加数据的方法。

要求：创建一个 VI，可以把温度数据以 ASCII 格式添加到某个文件中。该 VI 使用 For 循环产生温度数据，并将它们存储到一个文件中。在每个循环期间，都要把数据转换成字符串，添加一个逗号作为分隔符，并将字符串添加到文件中。设计前面板如图 7－5 所示。程序框图设计如图 7－6 所示。

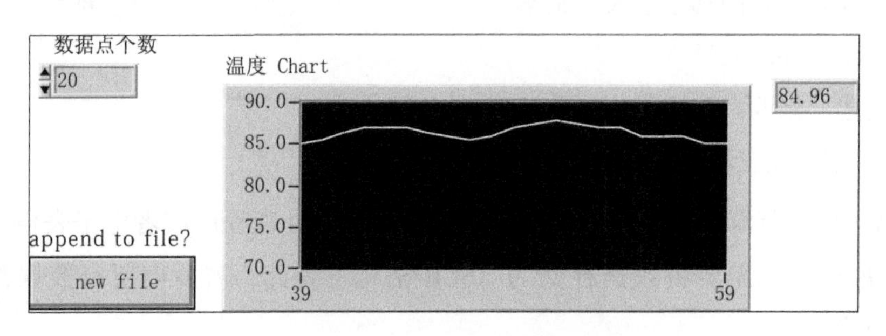

图 7－5 “File I/O” 练习前面板

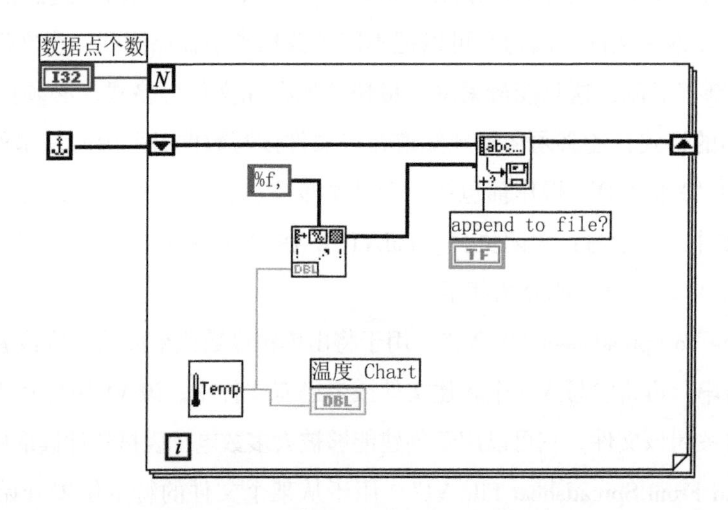

图 7－6 “File I/O” 练习程序框图

前面板中包括一个数字式显示器和一个波形图。“数据点个数”控制对象指定了需要采集和写入文件的温度数据的数量。波形图则用于显示温度曲线。将波形图的 *Y* 轴范围设置为70.0～90.0，*X* 轴范围设置为0～20。打开程序框图，添加 For 循环并增大它的面积。该 VI 将产生由“数据点个数”控制对象指定个数的温度数据。在循环中增加一个移位寄存器，操作方法是用鼠标右键单击循环边界，在快捷菜单中选择移位寄存器。这个移位寄存器中将含有文件的路径名。完成对象的连线。程序框图说明如下。

1）“Empty Path”常数（“Functions”→“File I/O”→“File Constants”），用于初始化移位寄存器，以保证需要对文件写入数据时路径都是空的。此时会出现一个文件对话框用于提示输入文件名。

2）“Digital Thermometer VI”（“Functions”→“Select a VI…”），返回一个模拟温度测量值（仿真）。

3）“Format Into String”函数（“Functions”→“String”），将温度数据转换成字符串，并且在数据后面增加一个逗号。

4）“Write Characters To File VI”（“Functions”→“File I/O”），用于向文件中写入字符串。

5）“Boolean”常数（“Functions”→“Boolean”）用于将“Write Characters To File VI”的“append to file?”输入为“TRUE”，这样在循环执行时新的温度数据就会加入到选中的文件中。用操作工具单击这个常数可以将它设置为“TRUE”。

具体操作步骤如下。

1）返回前面板，把“数据点个数”设置为20，执行该 VI。这时会出现一个文件对话框，提示输入文件名。输入文件名以后，VI 就会在每个温度数据产生时，将它写入到该文件中。

2）把该 VI 保存为“LabVIEW \ Activity”目录下的“Write Temperature to File. vi”。

3）使用任意一个字处理软件，例如“Write for Windows”“Teach Text for Macintosh”，或者 UNIX 平台下的某个文本编辑器，打开该数据文件查看其内容。可以看到文件的内容是20个用逗号分隔开的数值（精确到小数点后三位）。

下面通过一个例子，来了解从文件读取数据的方法。

要求：创建一个 VI，可以从上一个练习创建的例子中读取数据，并把这些数据显示在一个波形图中。必须按照数据保存的格式来读取它，因为原来是用字符串数据类型，把数据保存为 ASCII 格式，那么就必须用一个“File I/O”函数把数据作为字符串读出。前面板如图7－7所示，程序框图如图7－8所示。

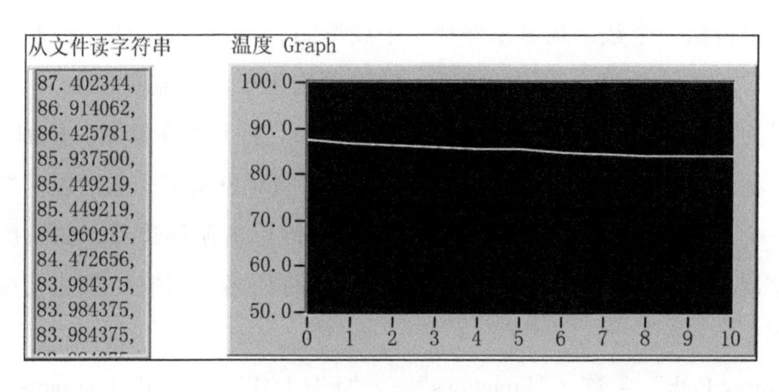

图7-7　文件写入练习前面板

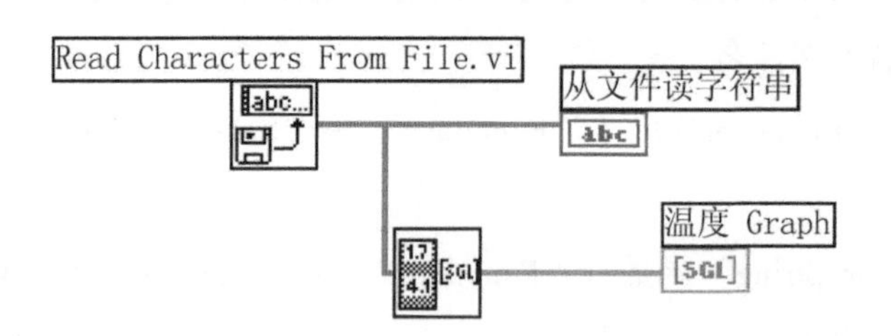

图7-8　文件写入练习程序框图

前面板中包括一个字符串显示对象和一个波形图。“从文件读字符串”显示对象将从上一个练习创建的文件中读出用逗号分隔开的温度数据。波形图则用于显示温度曲线。程序框图说明如下。

1）“Read Characters From File. vi”（“Functions”→“File I/O”），用于从文件中读取数据，以及输入字符串中的信息。如果没有指定路径名称，将出现一个文件对话框提示输入文件名。在这个例子中，无须判断需要读取的字符个数，因为文件的字符数比默认的512要少。要从文件中读取数据，必须知道数据的存储方式。如果知道了文件的长度，就可以使用“Read Characters From File. vi”读取指定个数的字符。

2）“Extract Numbers VI”（Examples \ General \ strings. llb），用于提取由逗号、分行符号、非数值字符等分隔开的数据组成的ASCII字符串，并将它们转换成数值数组。

具体操作步骤如下：

1）返回前面板，执行该VI。将出现一个文件对话框，在其中选择刚才保存的数据文件，可以看到图形中显示的数据与“Write Temperature to File VI”例子中显示的一样。

2）保存该VI为“Temperature from File. vi”，然后关闭它。

第 8 章　图像的采集保存与读取

Chapter Eight

8.1　采集单幅图像

采集单幅图像是最基本的图像采集操作，通常使用 IMAQdx Grab 进行采集。IMAQdx Grab 方式的图像采集程序框图如图 8－1 所示。

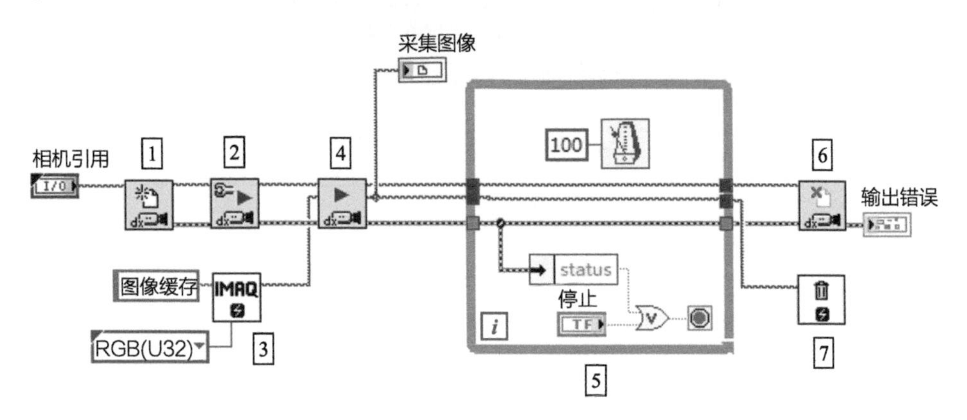

图 8－1　IMAQdx Grab 方式的图像采集程序框图

1）通过“IMAQdx Open Camera. vi”打开相机。

2）通过“IMAQdx Configure Grab. vi”配置相机并准备采集。

3）通过“IMAQ Create. vi”为图像数据创建一个数据缓冲区。

4）通过“IMAQdx Grab. vi”采集图像，放入之前已创建好的数据缓冲区中，并放入采集图像中进行显示。

5）图像数据缓冲区一旦释放，前面板上就无法看到所采集的图像，因此可通过一个延时程序，用于等待用户停止。

6）调用“IMAQdx Close Camera. vi”，关闭相机。

7）调用“IMAQ Dispose. vi”，释放占有的图像数据缓冲区。

其中，3）和7）是创建图像数据缓冲区和释放图像数据缓冲区。这是因为每帧图像的数据量都特别大，如果在处理图像的过程中直接传递图像数据，会非常耗时。最好的方式是仅仅传递指向该数据缓冲区的引用。“IMAQ Create. vi”完成的就是创建图像数据缓冲区并返回指向该数据缓冲区的引用的过程。

单幅图像采集的运行结果如图 8－2 所示。其中，最下方显示的信息分别是分辨率、当前倍数、图像位深、灰度值和当前 *XY* 坐标。

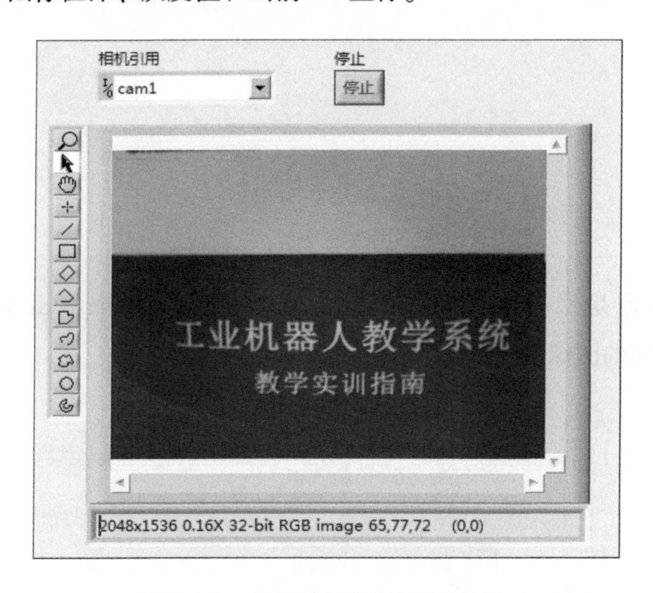

图 8－2　单幅图像采集的运行结果

8.2　连续采集图像

连续采集图像只需要在采集单幅图像的基础上加入 while 循环结构即可。下面将详细讲解如何进行连续图像的采集。

连续采集图像的程序框图如图 8－3 所示。

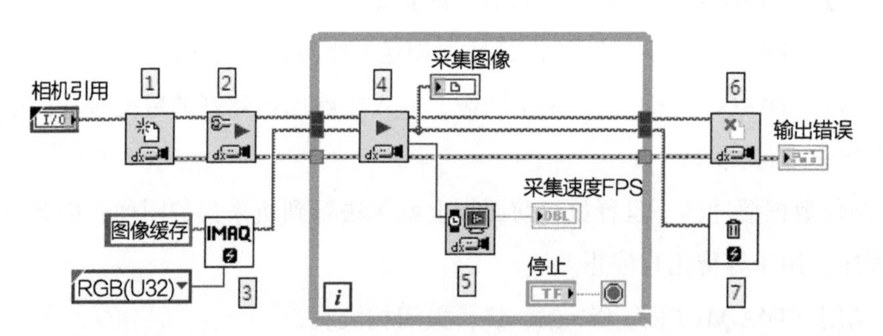

图 8－3　连续采集图像的程序框图

1）通过“IMAQdx Open Camera. vi”打开相机。

2）通过“IMAQdx Configure Grab. vi”配置相机并准备采集。

3）通过“IMAQ Create. vi”为图像数据创建一个数据缓冲区。

4）通过“IMAQdx Grab. vi”采集图像。采集图像放在了 while 循环内，因此将进行连续采集，直到按下“停止”按钮。

5）通过“Vision Acquisition”可得到采集单张图像的时间。

6）调用“IMAQdx Close Camera. vi”，关闭相机。

7）调用“IMAQ Dispose. vi”，释放占有的图像数据缓冲区。

8.3 利用快速 VI 采集图像

快速 VI 是将资源开启、获取、关闭，包装成一个 Express VI，帮助使用者快速完成图像采集的相关设定，直接将图像输出到 LabVIEW 前面板上。

快速采集 VI 可在“视觉与运动”→“Vision Express”→“Vision Acquisition”中找到，如图 8－4 所示。将“Vision Acquisition”直接拖动到程序框图上，即可自动弹出启动设定界面。

图 8－4　“Vision Acquisition”位置

（1）设定取像来源（Select Acquisition Source）　左侧“Acquisition Sources for Localhost”中可以检测目前安装在计算机上所有相机的名称，选择“NI－IMAQdx Devices”中的相机“cam0: Balsler GenICam Source”为本次取像用的相机，接着可以单击右方取像按键（分别为单张读取和连续读取），测试相机是否正常初始化并取到像；右下角是相机的基础数值，如图 8－5 所示。

（2）设定取像类型（Select Acquisition Type）

1）取单张图像（Single Acquisition with processing）。

2）连续取像（Continuous Acquisition with inline processing）。

3）一次取固定张图像，边取像边处理（Finite Acquisition with inline processing）。

4）一次取固定张图像，当所有图像读取完后再处理（Finite Acquisition with post processing）。

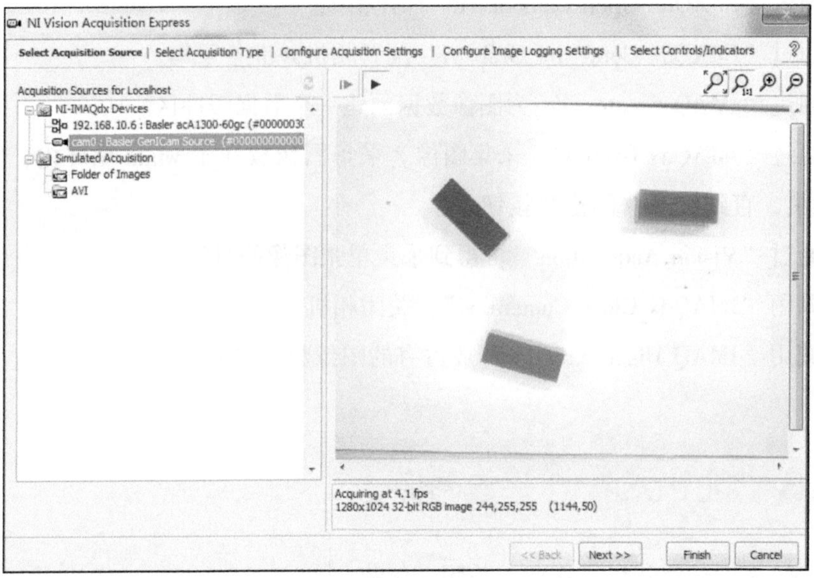

图8-5　设定取像来源

图 8-6 所示为设定取像类型。

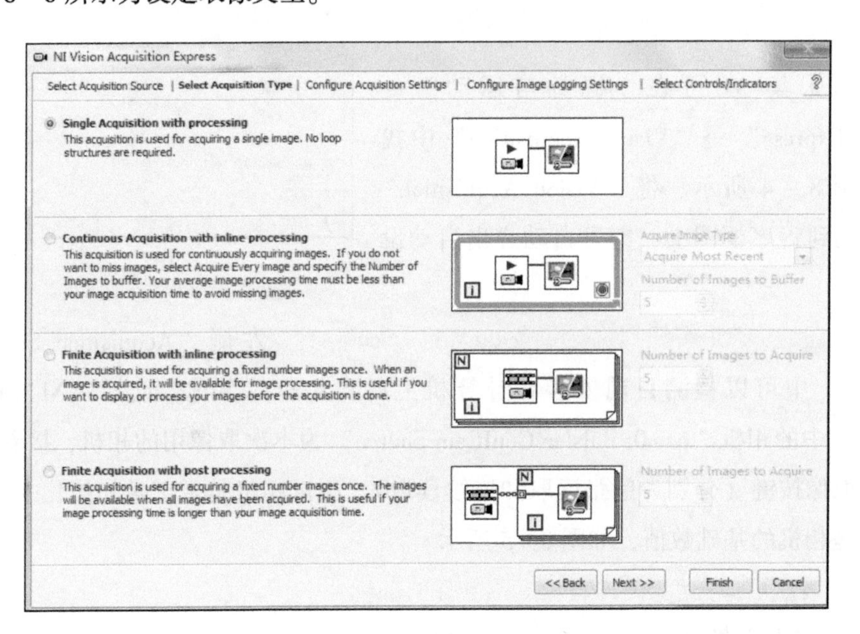

图8-6　设定取像类型

这里我们先选择“连续取像”模式，然后继续下面的设定。

(3) 设定取像参数 (Configure Acquisition Settings)　可根据环境来调整相机的参数，勾选“Show All Attributes”可显示相机的全部参数，可以改变亮度（Brightness）、曝光（Exposure）、增益值（Gain）等，使图像达到理想效果。设定过程中可以同时单击右上方的“Test”来观察设定的结果，设定好后，单击“Next”进行下一步设定，如图 8－7 所示。

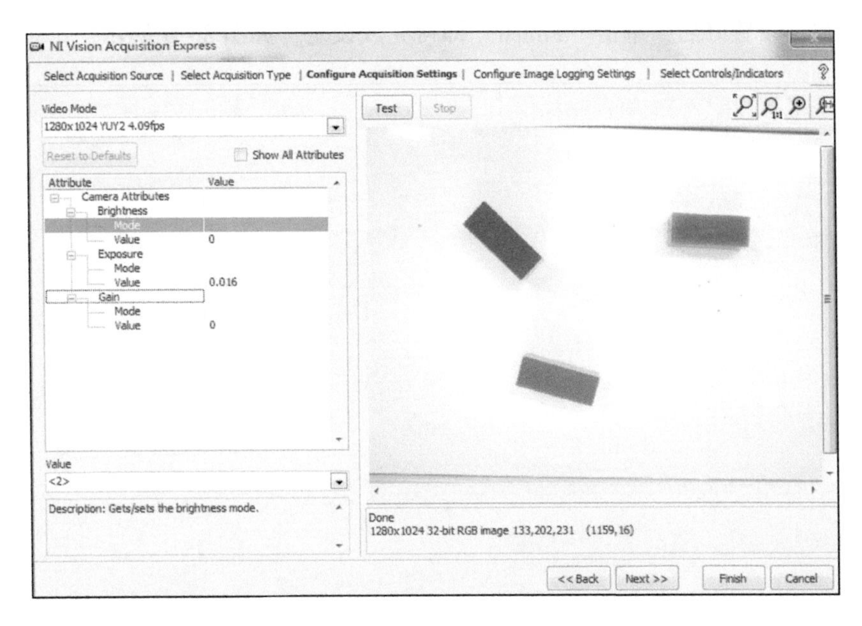

图 8－7　设定取像参数

（4）设定是否保存图像（Configure Image Logging Settings）　若将“Enable Image Logging”勾选，表示将获取的图像储存到下方指定的文件夹中，并可设定储存的图像格式。但是，若开启此功能，将降低取像速度。此项默认为不勾选，如图 8－8 所示。

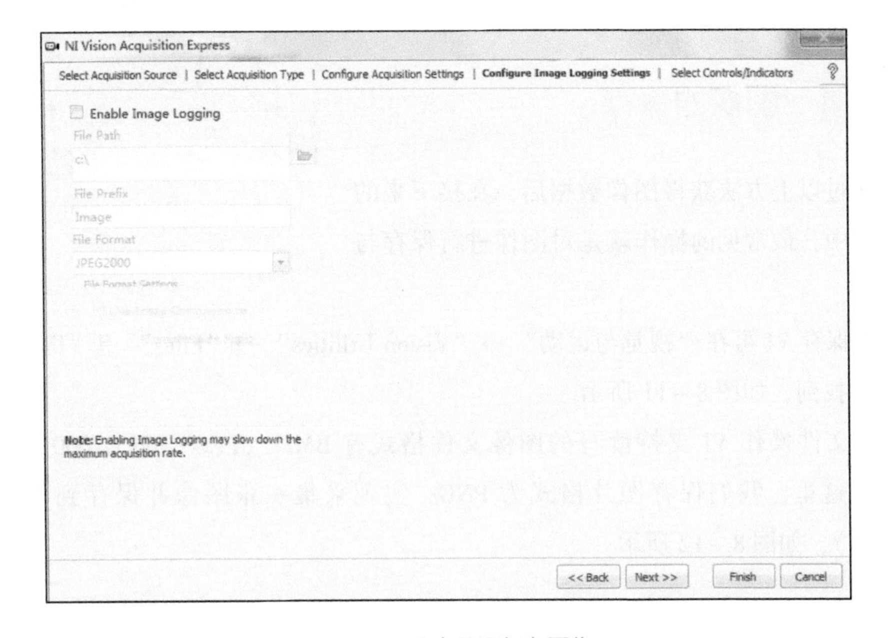

图 8－8　设定是否保存图像

（5）设定输入与输出（Select Controls/Indicators） 可依据需要，设定图像的输入与输出参数，设置好后，单击“Finish”即可完成设定，如图 8－9 所示。

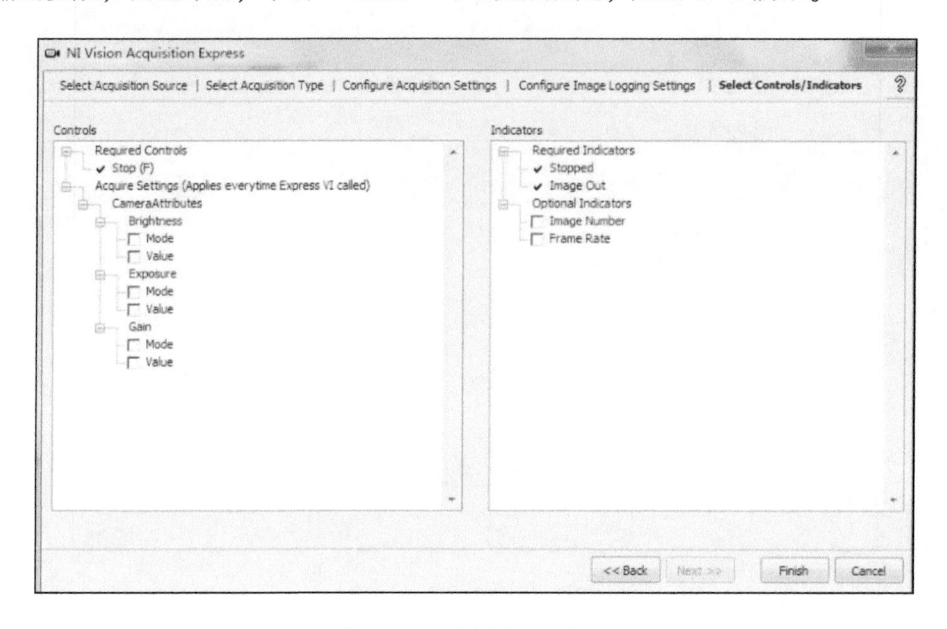

图 8－9　设定输入与输出

完成上述五步操作后，在程序框图上将自动生成图像采集的程序代码，如图 8－10 所示。

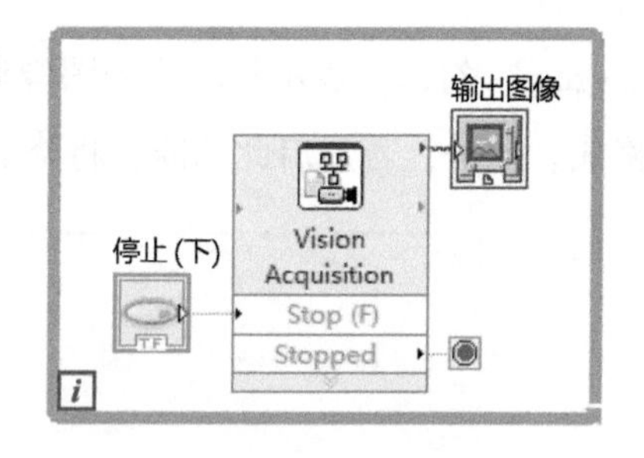

图 8－10　快速 VI 自动生成的程序代码

8.4 图像的保存

当通过以上方法获得图像数据后，在接下来的图像处理中，最常见的操作就是对图像进行保存与读取。

图像保存 VI 可在“视觉与运动”→“Vision Utilities”→“Files”→“IMAQ Write File2”中找到，如图 8－11 所示。

图像文件操作 VI 支持读写的图像文件格式有 BMP、JPEG、JPEG2000、PNG 和 TIFF 等。这里，我们保存图片格式为 PNG，实现采集一张图像并保存到指定路径（File Path），如图 8－12 所示。

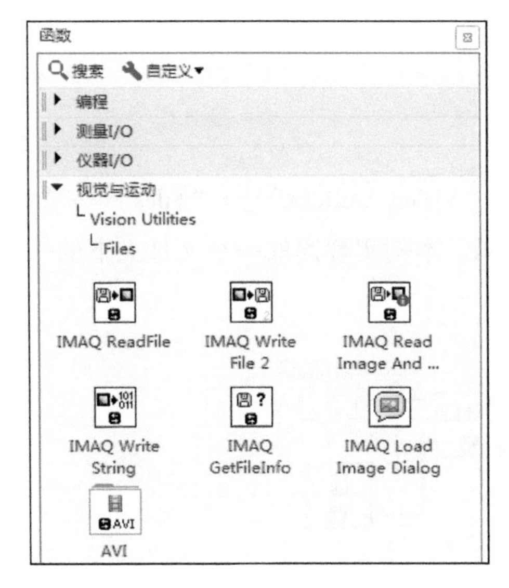

图 8－11　图像文件操作 VI

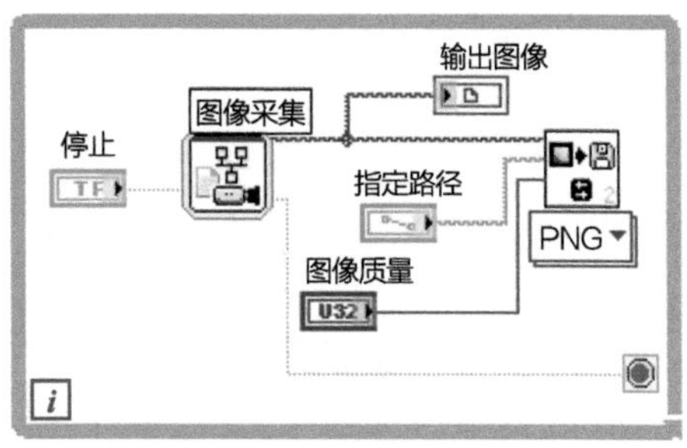

图 8－12　保存图像文件

实现采集图像并保存的另一个方法就是利用快速采集 VI，通过设置（4）中的是否保存图像，将图像保存到指定路径，如图 8－13 所示。

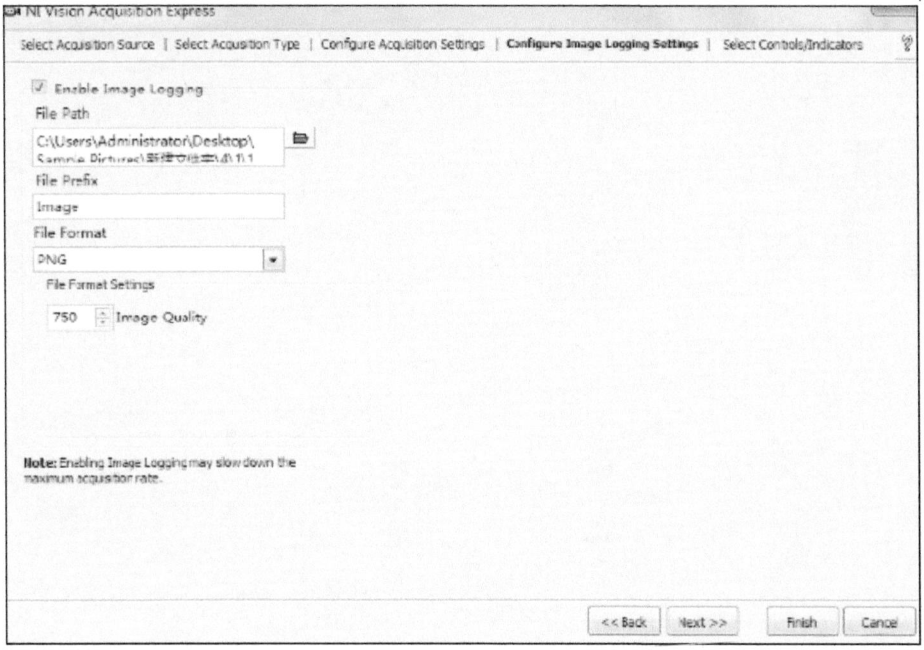

图 8－13　保存图像

8.5 图像的读取

图像读取 VI 可在“视觉与运动”→“Vision Utilities”→“Files”→“IMAQ ReadFile”中找到。程序框图如图 8－14 所示。本例实现读取一个文件夹下的一张图片，并显示出来。

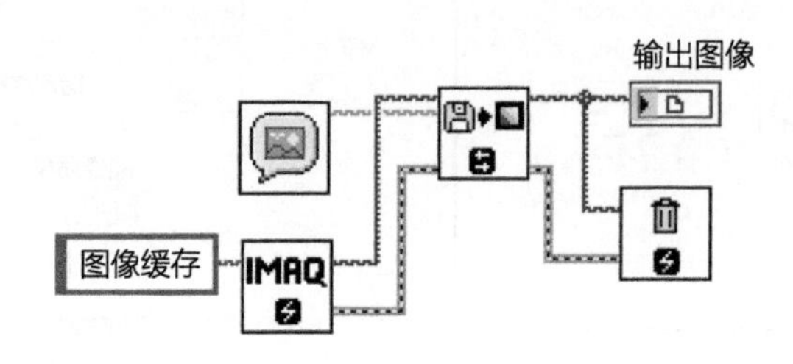

图 8－14　读取图像

“IMAQ Load Image Dialog. vi”会弹出一个对话框，请用户选择图像文件路径。获得图像文件路径后传给“IMAQ ReadFile. vi”，告诉“IMAQ ReadFile. vi”欲读取文件的位置。根据文件种类的不同，需要用“IMAQ Create. vi”创建一个与之匹配的图像缓冲区。

第 9 章　相机标定

Chapter Nine

9.1　相机标定原理

在图像处理中，我们最常进行的就是物体尺寸的测量和定位。然而，相机采集到的物体尺寸是以像素值为单位的。因此，我们有必要对相机进行标定，将像素值转换为常用的物理值，如 mm、cm 等单位。在标定过程中，如果图像没有产生畸变，则可以使用标定当量进行标定，而如果图像产生畸变，且精度要求较高，则需要使用图像标定。

图像标定的目的是利用给定物体的参考点坐标（x，y，z）和它的图像坐标（u，v）来确定摄像机内部的几何和光学特性（内部参数）以及摄像机三维坐标关系（外部参数）。内部参数包括镜头焦距 f，镜头畸变系数（k、s、p），坐标扭曲因子 s，图像坐标原点（u_0，v_0）等参数。外部参数包括摄像机坐标系相对于世界坐标系的旋转矩阵 $\boldsymbol{R}$ 和平移向量 $\boldsymbol{T}$ 等参数。

首先，我们来了解一下视觉系统的三大坐标系：世界坐标系、摄像机坐标系和图像坐标系，如图 9－1 所示。

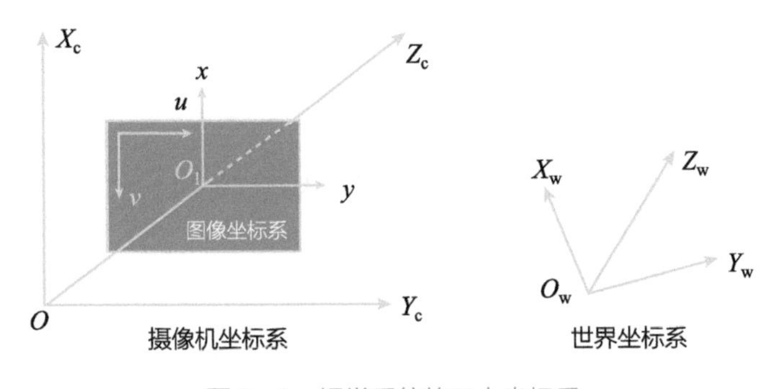

图 9－1　视觉系统的三大坐标系

其中，图像坐标系（x，y）/（u，v）是以摄像机拍摄的二维照片为基准建立的坐标系，用于指定物体在照片中的位置。（x，y）是连续图像坐标系或空间图像坐标系，（u，v）是离散图像坐标系或者是像素图像坐标系。（x，y）坐标系的原点位于摄像机光轴与成像平面的焦点 O_1（u_0，v_0）上，单位为长度单位（mm）。（u，v）坐标系的原点在图片的左上角（其实是存储器的首地址），单位为数量单位（个）。（x，y）主要用于表征物体从摄像机坐标系向图像坐标系的透视投影关系。而（u，v）则是实实在在的，我们能从摄像机中得到的真实信息。

（x，y）与（u，v）之间存在的转换关系为

$$u=\frac{x}{\mathrm{d}x}+u_0 \quad v=\frac{y}{\mathrm{d}y}+v_0 \tag{9-1}$$

dx 代表 x 轴方向上一个像素的宽度，dy 代表 y 轴方向上一个像素的宽度。dx、dy 为摄像机的内参数。（u_0，v_0）称为图像平面的主点，也是摄像机的内参数，其实相当于对 x 轴和 y 轴的离散化。其可以运用齐次坐标，将式（9－1）写成矩阵形式，即

$$\begin{pmatrix} u \\ v \\ 1 \end{pmatrix}=\begin{pmatrix} \frac{1}{\mathrm{d}x} & 0 & u_0 \\ 0 & \frac{1}{\mathrm{d}y} & v_0 \\ 0 & 0 & 1 \end{pmatrix}\begin{pmatrix} x \\ y \\ 1 \end{pmatrix} \tag{9-2}$$

摄像机坐标系与图像坐标系的转换：摄像机坐标系为 $O-X_cY_cZ_c$，图像坐标系为 O_1-XY，如图 9－2 所示。

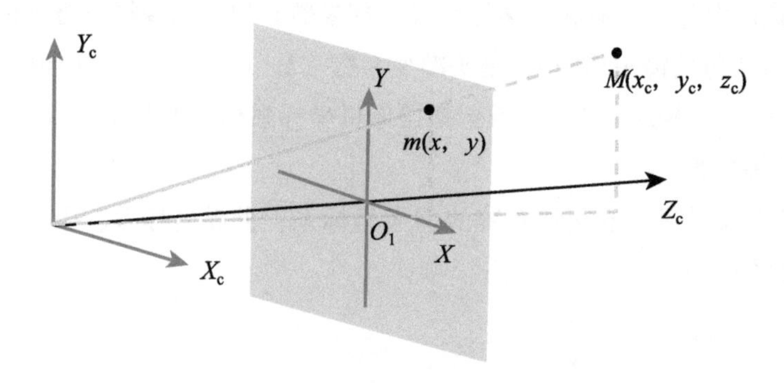

图 9－2　摄像机坐标系与图像坐标系的转换

根据三角形相似原理，式（9－3）可以表示为式（9－4）。

$$x=f\frac{x_c}{z_c} \quad y=f\frac{y_c}{z_c} \tag{9-3}$$

$$Z_c\begin{pmatrix} x \\ y \\ 1 \end{pmatrix}=\begin{pmatrix} f & 0 & 0 & 0 \\ 0 & f & 0 & 0 \\ 0 & 0 & 1 & 0 \end{pmatrix}\begin{pmatrix} X_c \\ Y_c \\ Z_c \\ 1 \end{pmatrix} \tag{9-4}$$

三维空间中，当物体不发生形变时，对一个物体作旋转、平移的运动，称之为刚体变换。把世界坐标系下的坐标转换到摄像机坐标下的坐标，可以通过刚体变换的方式实现如图 9－3 所示。

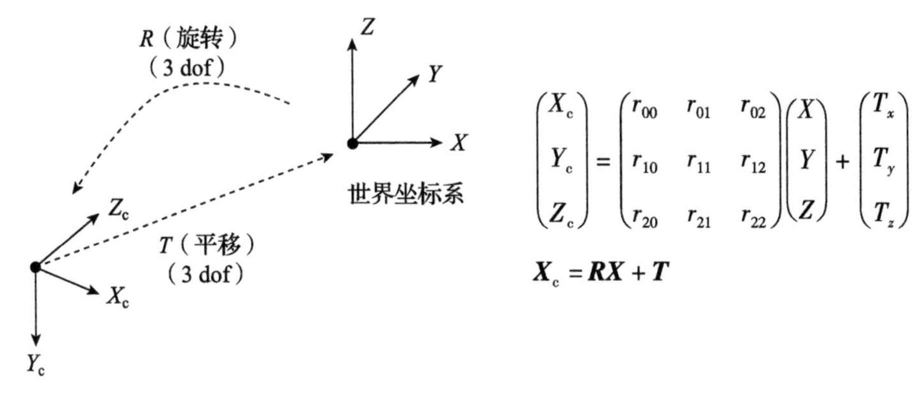

图9－3　刚体变换

其中，X_c 代表摄像机坐标系，X 代表世界坐标系。$\boldsymbol{R}$ 代表旋转，$\boldsymbol{T}$ 代表平移。$\boldsymbol{R}$、$\boldsymbol{T}$ 与摄像机无关，所以称这两个参数为摄像机的外参数。

$\boldsymbol{R}$ 为分别绕 XYZ 三轴旋转的效果相乘：$\boldsymbol{R}_x\times\boldsymbol{R}_y\times\boldsymbol{R}_z$。

摄像机坐标系向世界坐标系的变换，包括 X、Y 和 Z 轴的旋转以及坐标平移，故根据以上坐标变换知识可得摄像机坐标系和世界坐标系的齐次坐标系变换矩阵。

$$\boldsymbol{R}_x(\Psi)=\begin{bmatrix}1&0&0\\0&\cos(\Psi)&\sin(\Psi)\\0&-\sin(\Psi)&\cos(\Psi)\end{bmatrix}\tag{9-5}$$

$$\boldsymbol{R}_y(\varphi)=\begin{bmatrix}\cos(\varphi)&0&-\sin(\varphi)\\0&1&0\\\sin(\varphi)&0&\cos(\varphi)\end{bmatrix}\tag{9-6}$$

$$\boldsymbol{R}_z(\theta)=\begin{bmatrix}\cos(\theta)&\sin(\theta)&0\\-\sin(\theta)&\cos(\theta)&0\\0&0&1\end{bmatrix}\tag{9-7}$$

$$\begin{pmatrix}X_c\\Y_c\\Z_c\\1\end{pmatrix}=\begin{pmatrix}\boldsymbol{R}&\boldsymbol{T}\\0^{\mathrm{T}}&1\end{pmatrix}\begin{pmatrix}X_w\\Y_w\\Z_w\\1\end{pmatrix}=M_1\begin{pmatrix}X_w\\Y_w\\Z_w\\1\end{pmatrix}\tag{9-8}$$

最终，可以将图像坐标系转换到世界坐标系。

$$Z_c\begin{pmatrix}u\\v\\1\end{pmatrix}=\begin{pmatrix}\frac{1}{dx}&0&u_0\\0&\frac{1}{dy}&v_0\\0&0&1\end{pmatrix}\begin{pmatrix}f&0&0&0\\0&f&0&0\\0&0&1&0\end{pmatrix}\begin{pmatrix}\boldsymbol{R}&\boldsymbol{T}\\0^{T}&1\end{pmatrix}\begin{pmatrix}X_w\\Y_w\\Z_w\\1\end{pmatrix} \tag{9-9}$$

圈出的部分即为相机的内外参数。

9.2 相机标定方法

在 NI Vision 中已经准备好了标定工具 Image Calibration。该工具可以在“视觉与运动”→“Vision Express”→“Vision Assistants”→“Processing Functions：Image”→“Image Calibration”中找到。在 NI Vision Assistant 里打开 Image Calibration 工具，如图 9-4 所示。单击“New Calibration”，即可进入标定界面。

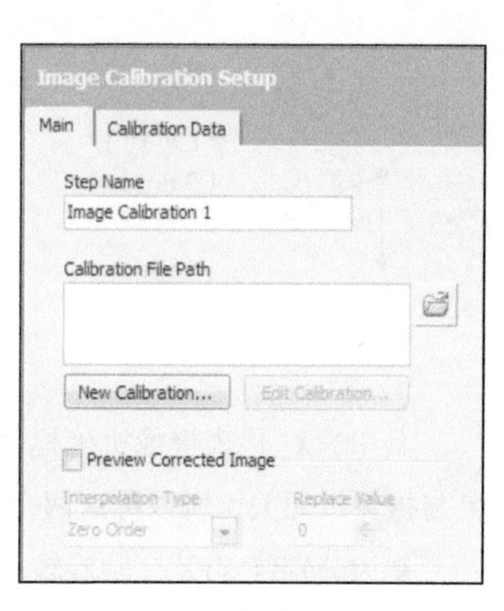

图 9-4　标定界面

进入标定界面后，NI Vision 根据应用场景的不同，提供了 5 种标定方法，分别是“Point Distance Calibration”“Point Coordinates Calibration”“Distortion Model（Grid）”“Camera Model（Grid）”和“Microplanes（Grid）”，如图 9-5 所示。

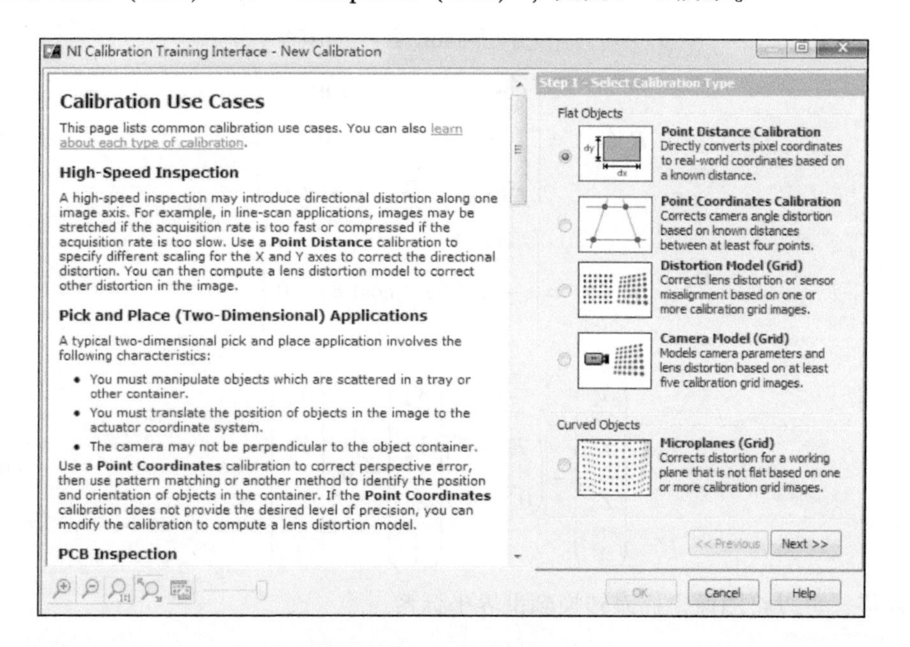

图 9-5　相机标定初始界面

本节主要介绍两种标定场景："Point Distance Calibration"（点距标定）和"Distortion Model（Grid）"（畸变模式）。

9.2.1　点距标定

1）Step1，在"Select Calibration Type"中选择第一个"Point Distance Calibration"（点距标定）。该标定方法是根据一个已知的距离直接将像素坐标转换到真实坐标。单击"Next"，进入下一步设置。

2）Step2，选择图像源。NI Vision 提供了特定的圆形网格图案作为标定用的模板，本节所举案例也采用了同样图案的打印纸，将其粘贴到了一块硬板上，保证所有圆点处在一个平面。相邻圆点中心的距离为 10mm。将粘贴了网格的硬板放置在待测量区域，并保证待测量区域与硬板距离相机摄像头距离相等。选择好图像后，单击"Next"，进入下一步，如图 9－6 所示。

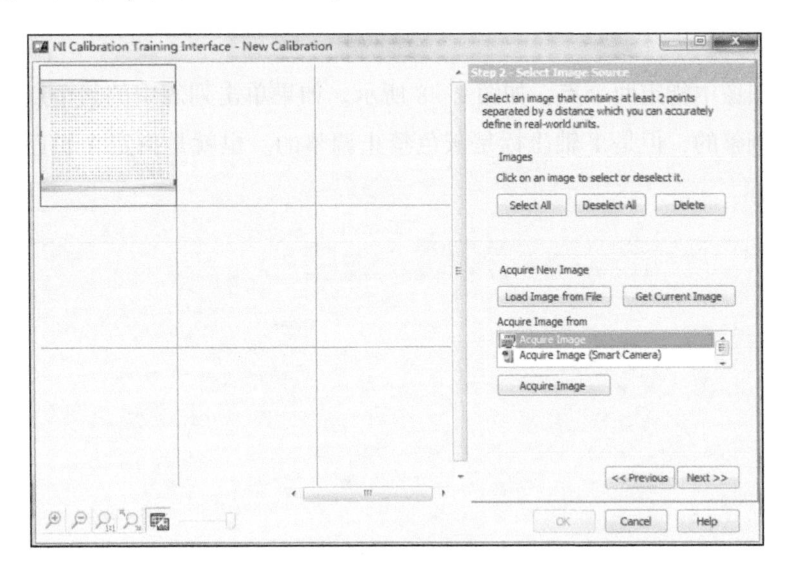

图 9－6　选择图像源

3）Step3，指定真实距离。其中上面有一条提示信息用于"Specify a different scale for the Y axis"（对 Y 轴指定不同的比例），也就是对 Y 轴指定一个不同的比例，当传感器是长方形像素时，或者仅仅考虑一个方向时，可以使能下面的"Specify a different scale for the Y axis"选项，然后当前的点会变成 X 轴的点距离，单击"Next"时则会指定 Y 轴的点距离，如图 9－7 所示。这里为了清楚说明每一步，使能对 Y 轴指定不同的比例（虽然大部分的传感器像素都是正方形的）。下面一条信息为通过单击图像选择两点，然后指定两点间的距离使用真实的单位。可以选择下面列表中的点来调整 X、Y 的坐标。使能对 Y 轴指定不同的比例后，Step3 变为指定距离在 X 轴上。这里我们在图像

上沿 X 轴方向找两个点（非同一水平线也可，因为在这里不考虑 Y 坐标）。

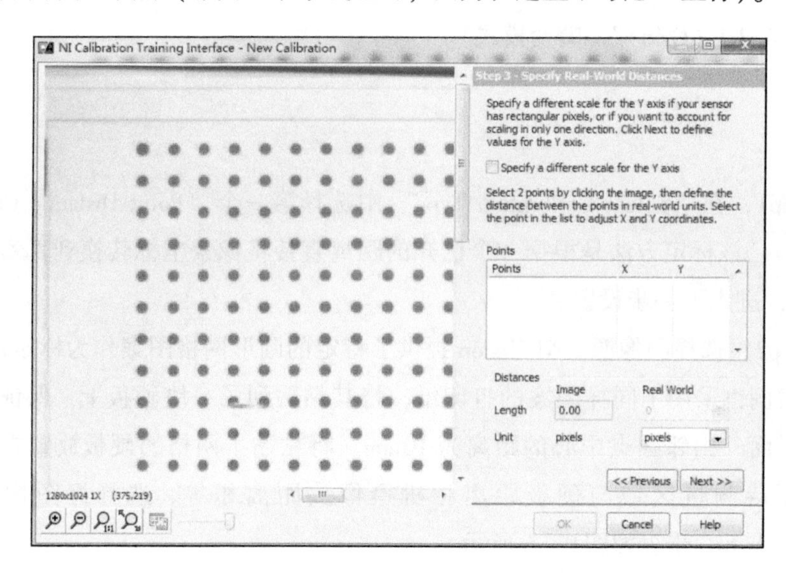

图 9－7　指定真实距离

首先在图像中指定两个点，如图 9－8 所示。如果单击列表中的某个点，其 X 轴的坐标是可以调整的，但是 Y 轴坐标是灰色禁止调整的。也就是指定 X 轴距离时，只考虑 X 轴的坐标。

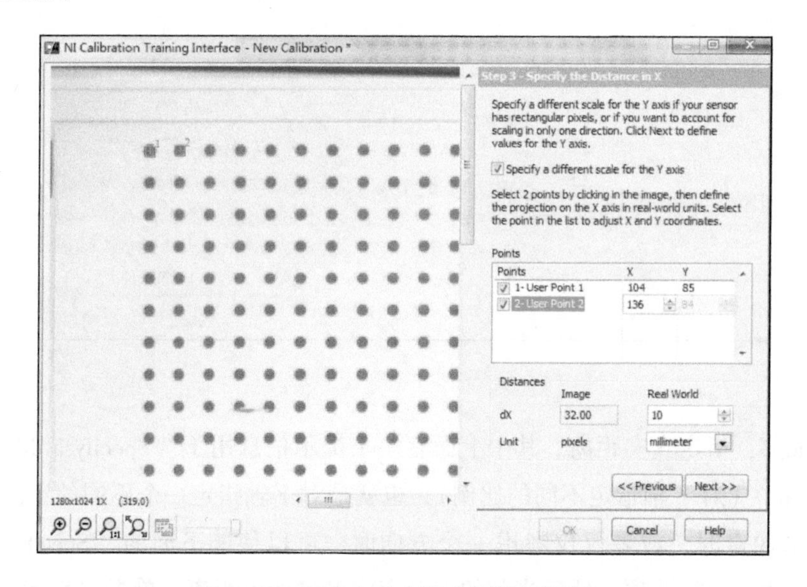

图 9－8　指定 X 轴上两点并指定其距离

在 Distance 距离中，有 dx 即 X 轴的变量值，Image 即显示两点在图像中的距离，“Real World”则用于指定两点的真实距离。“Unit”显示图像中的单位为 Pixels，而真实距离的单位需要由用户自己定义。可以使用下拉列表，其中有 μm、mm、cm、m 和

km 等长度单位。这里我们使用 mm，并且指定两点间的真实距离为 10mm。单击“Next”进入下一步。

4）Step4，指定 Y 轴上的两点，如图 9-9 所示，并且指定其真实距离。从中可以看到，点阵列表中还包含了前面 X 轴上的两点。这里与指定 X 轴上的点时大致一样，此时能调整的只有点的 Y 坐标值，X 坐标值是无法调整的，而且这里的距离中的真实值单位已经固定了不能再修改。单击“Next”进入下一步。

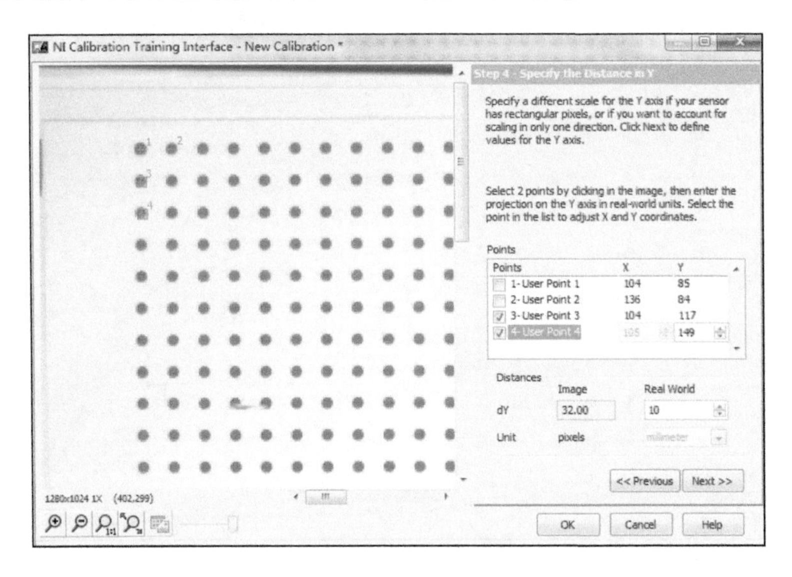

图 9-9　指定 Y 轴上两点并指定其距离

5）Step5，如果图像有较大的畸变失真，如图 9-10 所示，则需要使能“Compute Lens Distortion Model”（计算畸变模式），然后进入后面的畸变校正步骤，这里直接单击“Next”，进入下一步。

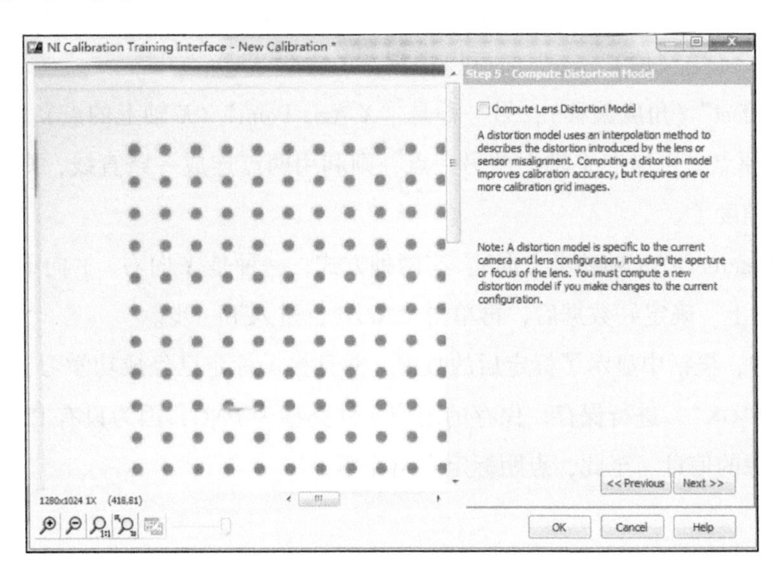

图 9-10　计算畸变模式

6）Step6，提示信息显示选择起始标定轴并指定 X 轴相对于图像的水平轴的角度，如图 9－11 所示。用户可以在图像中画一条线来指定起点和 X 轴角度。

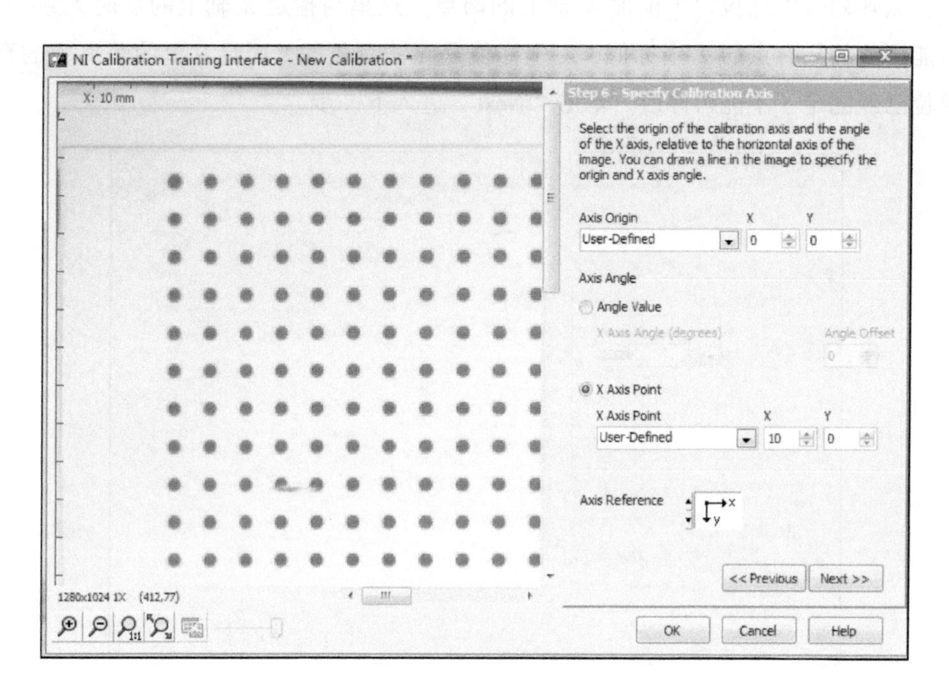

图 9－11　指定标定轴

"Axis Origin"（X 轴原点）：指定 X 轴的原点。下面有"User-Defined"（用户自定义），没有其他选项。系统默认的原点 X、Y 都为 0，即图像的原点。

"Axis Angle"（X 轴角度）：用于指定 X 轴的角度。有两种方式：一种是使用"Angle Value"（角度值），在下面可以指定"X Axis Angle（degrees）"（X 轴的角度）和"Angle Offset"（角度偏移）；另一种是"X Axis Point"（X 轴上的点），因为已经指定了 X 轴的原点，再加上 X 轴上的另一点，则利用两点连成一条直线，则可以确定 X 轴的直线与角度了。

"Axis Reference"（轴参考方向）：有两种方式，一种是 X 向右、Y 向下，另一种是 X 向右、Y 向上。确定好数据后，再单击"Next"，进入下一步。

7）Step7，概括中显示了标定后的数据，并且提示标定已经成功学习，如图 9－12 所示。单击"OK"，进行保存。保存的图像文件类型为 PNG，因为只有 PNG 文件类型可以包含图像的信息。至此，点距标定介绍完毕。

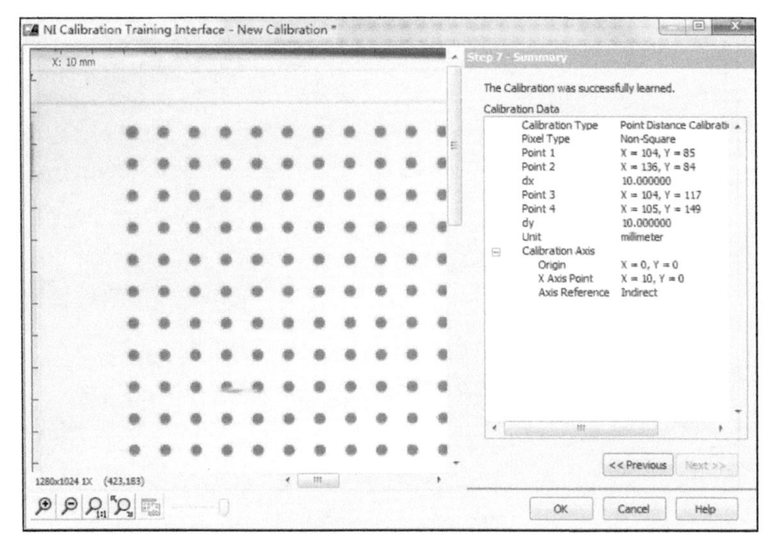

图 9 - 12　概括

9.2.2　畸变模式

“Distortion Model（Grid）”（畸变模式）的作用是修正镜头畸变或传感器中心线不重合，如桶形失真、枕形失真等，如图 9 - 13 所示。

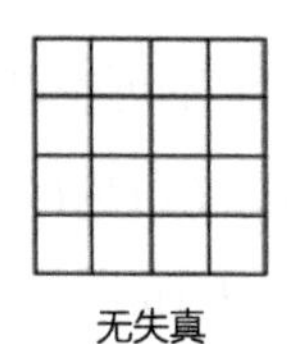

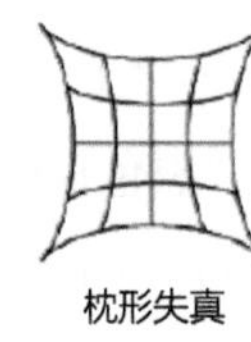

图 9 - 13　桶形、枕形畸变

1）Step1，选中“Distortion Model（Grid）”，然后单击“Next”，如图 9 - 14 所示。

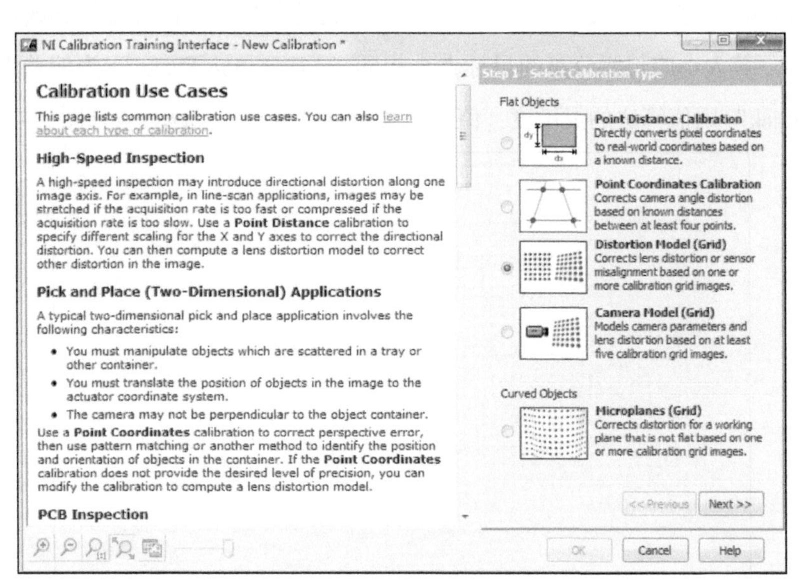

图 9 - 14　畸变模式

2）Step2，选择图像源，如图 9 - 15 所示，选好后单击“Next”。

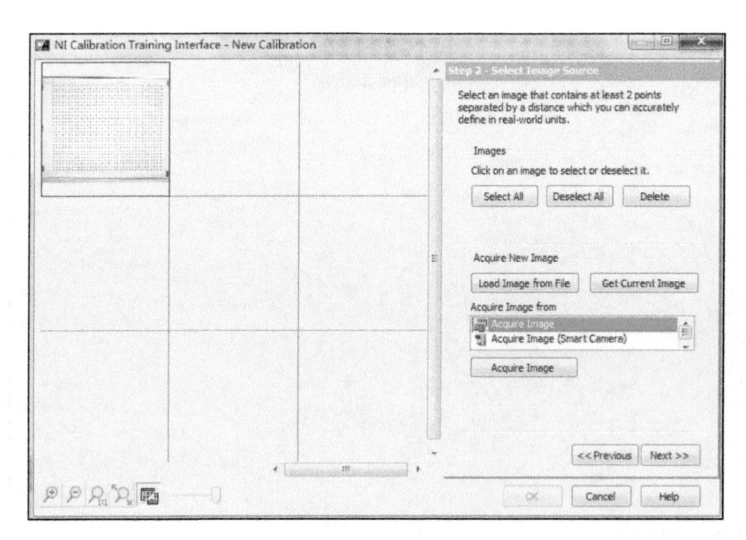

图 9－15　选择图像源

3）在 Step3“Extract Grid Features”中，首先利用提供的 ROI 工具，选择有效的图像识别范围，以减少识别误差，不选则默认为使用整个图像。下面是“Select threshold parameters for each grid image”为每张栅格图像选择远阈值参数。在“Image”中，因为只选择了一张图像，因此是灰色不可选状态。“Look For”（查找对象），有“Dark Objects”（黑色目标）、“Bright Objects”（白色目标）和“Gray Objects”（灰色目标）。“Method”为使用的阈值方法，有“Manual Threshold”（手动阈值）、“Auto Threshold”（自动阈值）、“Local Threshold”（局部阈值）等方法，此处使用局部阈值。“ROI Size”为兴趣区域大小，“Kernel Size”为内核尺寸，用于指定每个像素的邻域，从而计算局部阈值中像素的平均亮度值。其大小应与要分离的目标大小相同。“Deviation Factor”为偏差因素，用于指定“NiBlack”阈值算法的灵敏度，值越小对噪声越敏感。具体设置如图 9－16 所示。

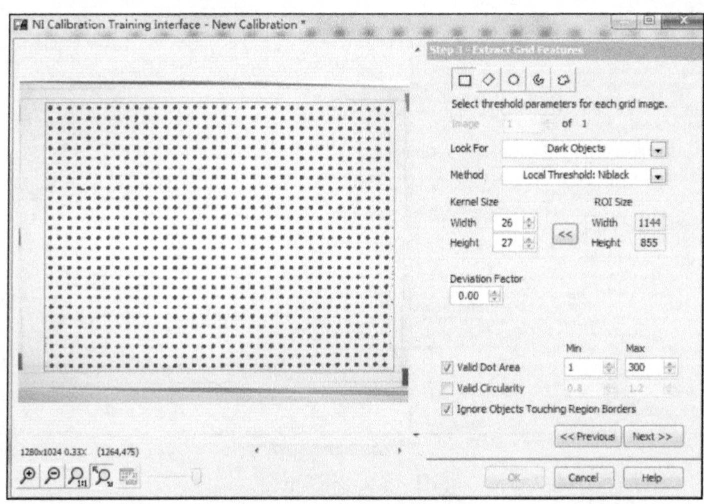

图 9－16　提取栅格特征

4）Step4 中，需要指定栅格参数，单位为 mm，如图 9－17 所示。

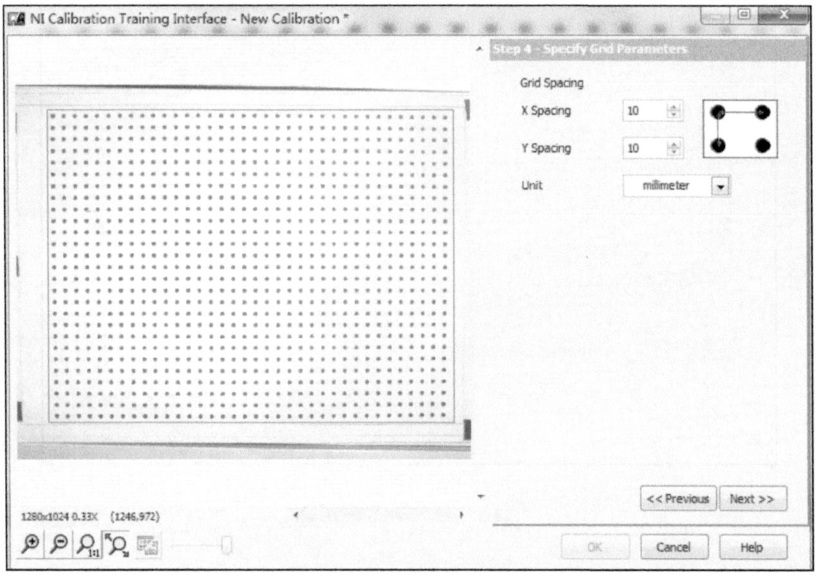

图 9－17　指定栅格参数

5）Step5 为检查标定结果。拖动滑块可以改变畸变模式，滑块越往左，计算越快，精度越低；越往右，计算越慢，精度越高，如图 9－18 所示。

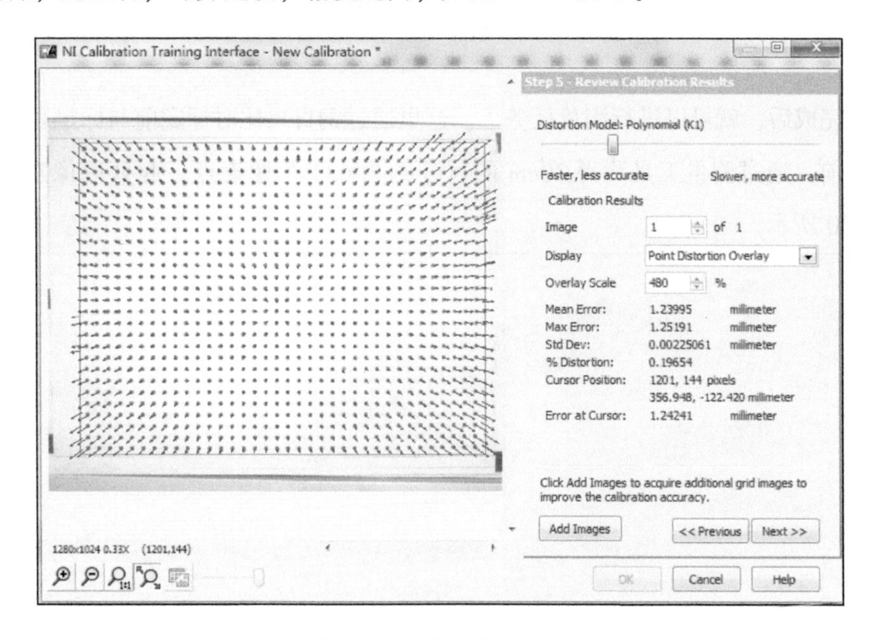

图 9－18　检查标定结果

6）Step6，指定标定轴方向，同点距标定一样，具体设置如图 9－19 所示。

图 9－19　指定标定轴

7）Step7 为概括，显示了标定后的数据，并且提示标定已经成功学习。

标定完成后，单击“OK”，即可将标定结果保存，至此便完成了相机的标定过程。

9.3 尺寸检测

标定完成后，就可以进行测量任务了。这里通过钢直尺比对标定前与标定后的结果。

标定前，通过测量工具测得 20cm 的尺寸约为 634 个像素点，此处以像素为单位，如图 9－20 所示。

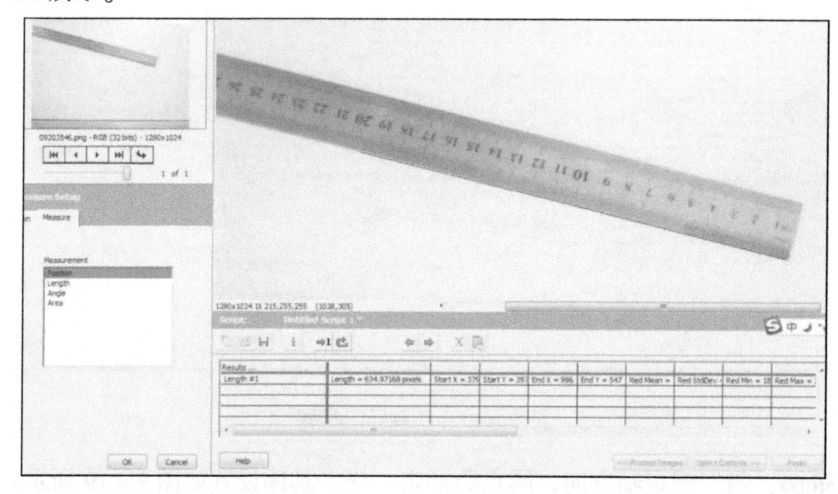

图 9－20　尺寸测量（1）

标定后，通过测量工具测得20cm的尺寸约为203mm，此处以mm为单位，如图9-21所示。因为该测量距离是直接绘制出来的，所以与实际值还有偏差。在真实项目中，可以通过提取特征、寻找点及找直边来进行准确测量。

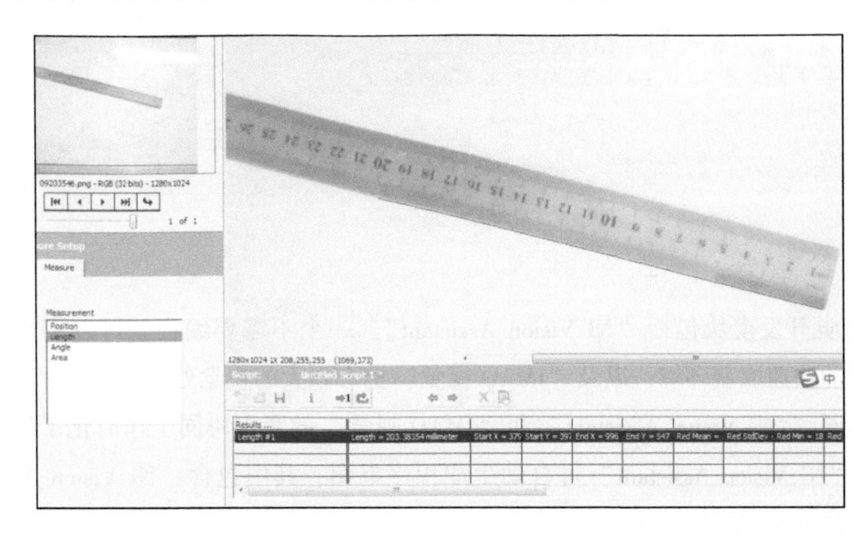

图9-21　尺寸测量（2）

第 10 章　图像处理

Chapter Ten

NI 视觉开发模块包括“NI Vision Assistant”，一个不需要编程就可以实现图像分析、处理的快速成型环境，以及“IMAQ 视觉”拥有强大的视觉处理函数库。与其他视觉产品不同，“NI Vision Assistant”和“IMAQ 视觉”的紧密协同工作简化了视觉软件的开发。“NI Vision Assistant”可自动生成程序框图，其中包含“NI Vision Assistant”建模时一系列操作的相同功能。

打开“NI Vision Assistant”软件后出现欢迎界面，如图 10－1 所示。在欢迎界面里有四个按钮和一个下拉菜单，其中“Open Image”是打开图像，即从本地或网络上打开图像文件；“Acquire Image”是采集图像，即从相机中采集图像；“Solution Wizard”是解决办法向导，即查看 NI 视觉助手中自带的例子；“Language for Generated Code”是生成代码语言，可选“LabVieW Code”“C Code”“NET Code”。

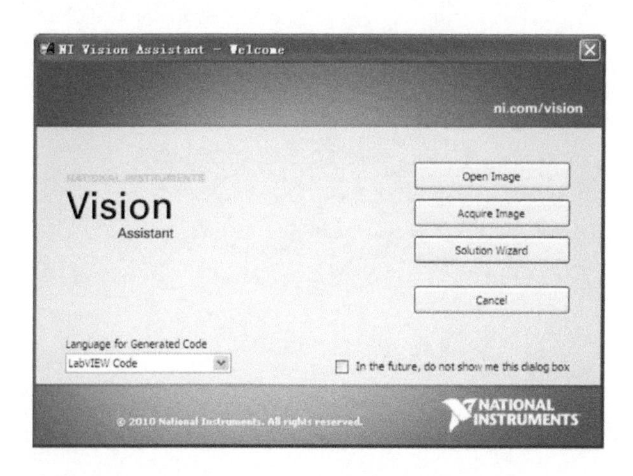

图 10－1　NI Vision Assistant 欢迎界面

通过“Open Image”或“Acquire Image”打开一张图片，如图 10－2 所示。其中，当选择多张图片时，可以在图像预览区进行切换，从而验证处理程序在不同图像被选中时是否满足处理需要。

处理功能区包含了“Image”（图像）、“Color”（彩色图）、“Grayscale”（灰度图）、“Binary”（二值图）、“Machine Vision”（机器视觉）、“Identification”（识别）等功能函数。

处理步骤区是显示不同的处理脚本，双击每一个步骤可以修改参数。

图像显示区是显示原图像和选择处理函数后的图像。

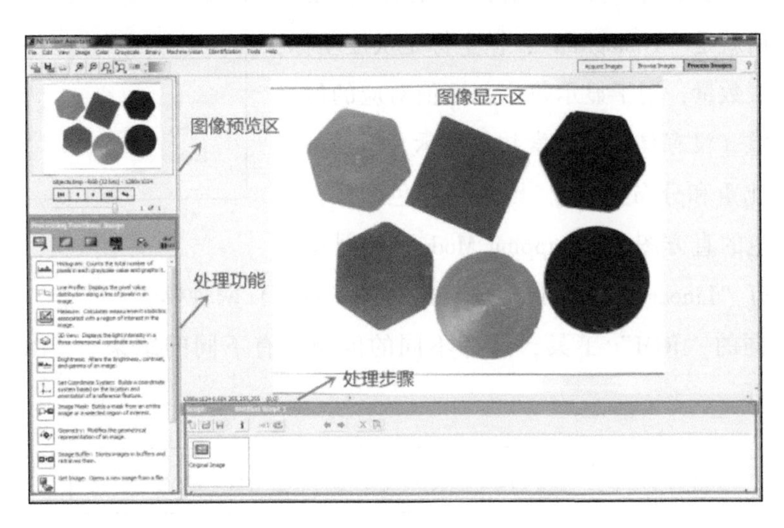

图 10－2　图像界面

下面将介绍常用图像处理函数的使用方法。

10.1　图像功能面板认知

“Image”（图像）功能面板部分如图 10－3 所示。包含了“Histogram”（直方图）、“Line Profile”（线剖面图）、“Measure”（测量）、“3D View”（3D 视图）、“Brightness”（亮度）、“Set Coordinate System”（设置坐标系）、“Image Mask”（图像掩模）、“Geometry”（几何学）、“Image Buffer”（图像缓存）、“Get Image”（打开图像）、“Image Calibration”（图像标定）、“Calibration from Image”（从图像标定）、“Image Correction”（图像校正）、“Overlay”（覆盖）。

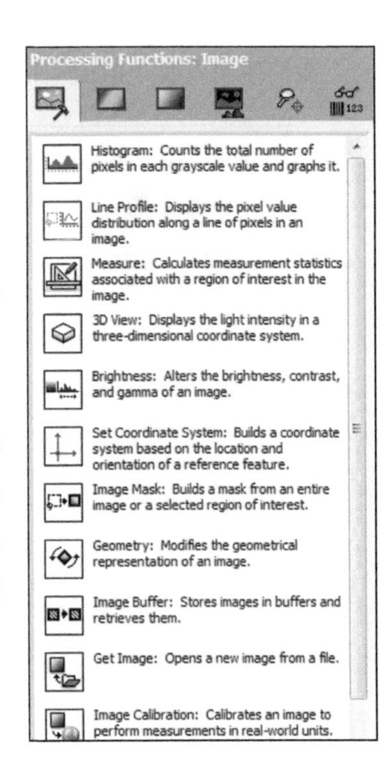

图 10－3　Image 功能面板

（1）“Histogram”（直方图） 直方图函数，从函数解释信息上看，为统计每个灰度值的像素总数并且将它们用图表显示出来。单击此函数后，进入直方图配置界面，如图10－4所示。在彩色图像设置界面可以看到，其中有“Color Mode”（彩色模式），默认的是“RGB”模式，此外还有“HSL”“HSV”“HSI”等模式。然后就是“Histogram”，横坐标是灰度坐标，纵坐标是像素数量，用于显示每个灰度值对应的像素数量所占比重（没有具体的像素数量显示，但是可以看到其所占比重和分布情况）。因为是彩色图像，所以有三种颜色的直方图。“Mapping Mode”映射模式可供选择的有“Linear”（线性）、“Logarithmic”（对数）两种模式。

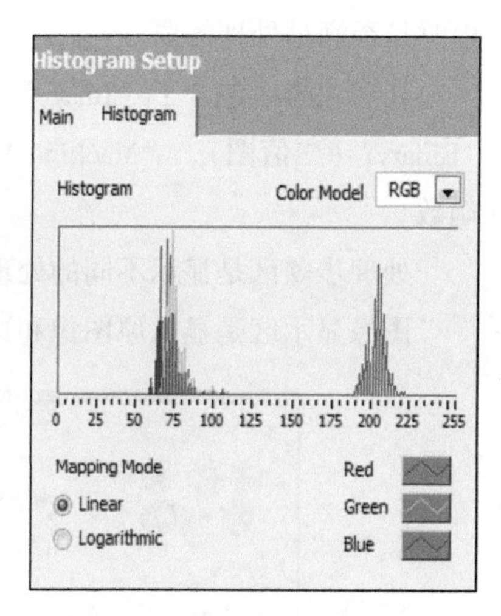

图10－4 直方图配置界面

选择不同的“ROI”工具，选择不同的区域，有不同的结果。“ROI”工具如图10－5所示。

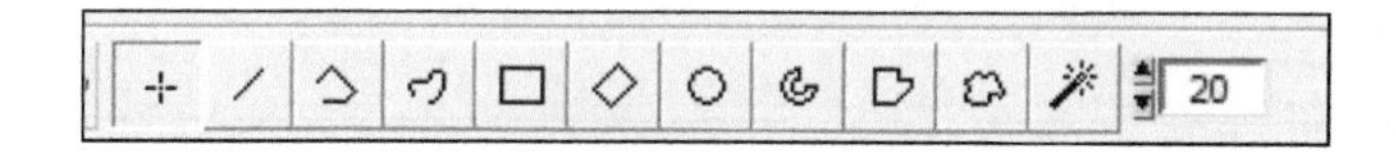

图10－5 “ROI” 工具

我们使用直线“ROI”工具，查看红色块直方图信息，如图10－6所示。

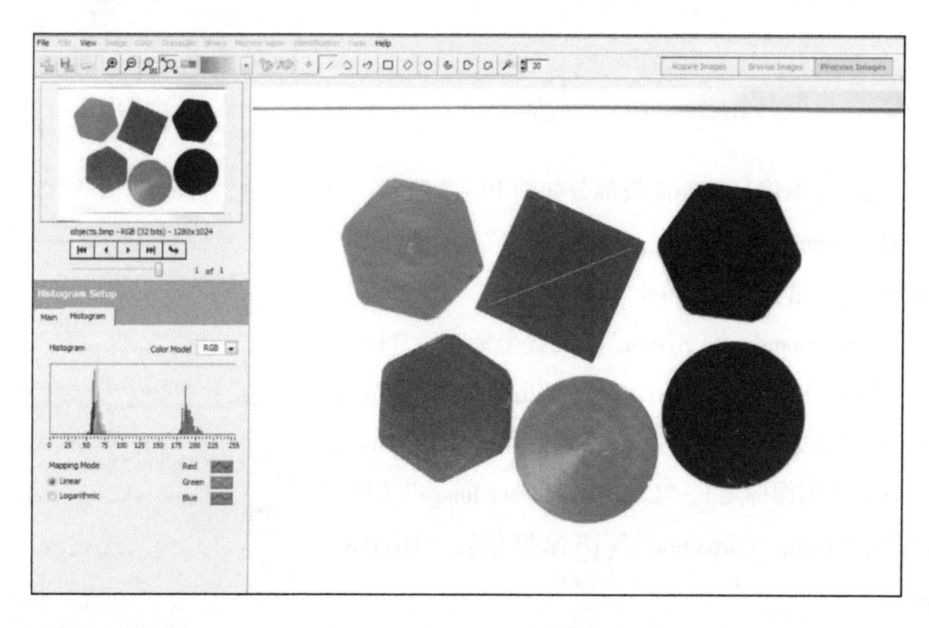

图10－6 红色块直方图

（2）“Line Profile”（线剖面图）　线剖面图函数用于查看一条线上的灰度值或“RGB”值曲线图，显示图像中沿着某条线的灰度分布。此函数可以用于灰度图或彩色图像，如图 10－7 所示。

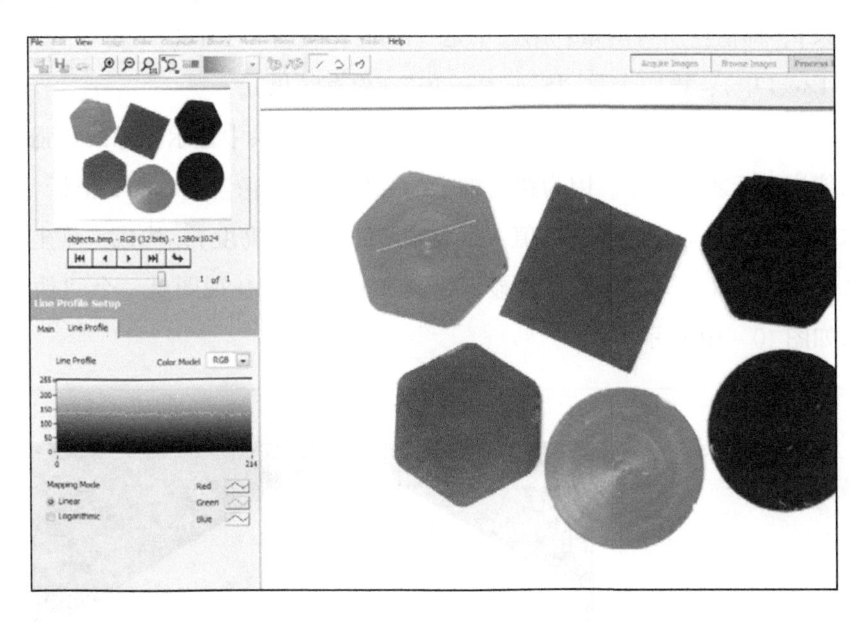

图 10－7　线剖面图

（3）“Measure”（测量）　计算、测量、统计关于图像中的一个“ROI”的相应信息。在测量选项卡中，可以测量“Position”（位置），“Length”（长度），“Angle”（角度），“Area”（面积）。单击此函数后，其界面如图 10－8 所示。

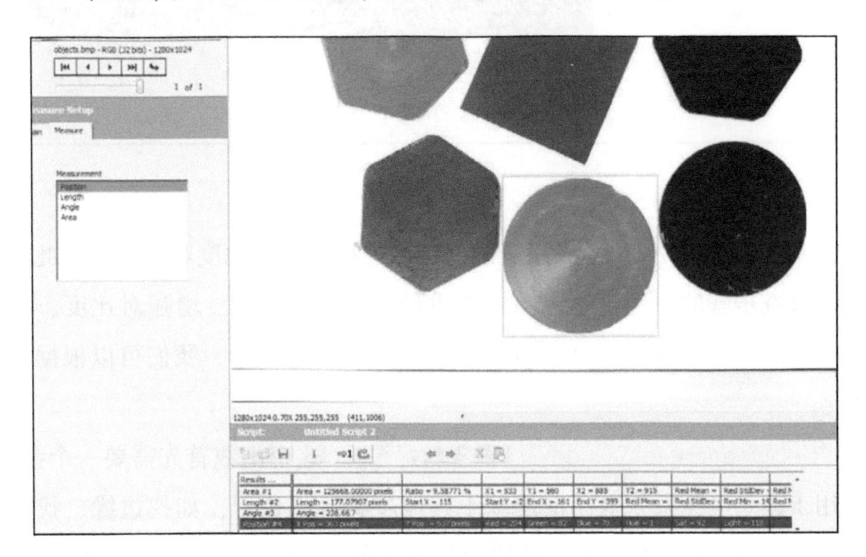

图 10－8　测量界面

在结果栏最右边有一排工具按钮，如图 10－9 所示。其中，最上面一个是“Delete Selection”（删除选择），即把当前选择的测量内容（蓝底及红色十字）从结果中删除；第二个是“Delete All Results”（删除所有结果），即清空所有测量；第三个是“Send Results to Excel”（发送结果到 Excel 中）；第四个是“Save Results”（保存结果）。

图 10－9 工具按钮

（4）“3D View”（3D 视图） 用于在一个三维坐标系中显示图像的光强。三维视图函数只能应用于灰度图像。因为在三维坐标系中，只有像素的 X、Y 坐标（构成 3D 视图的水平面）以及对应点的灰度值 V（构成 3D 视图的高度），构成三维坐标系。如果再多几个颜色平面，则无法清楚地显示出其 3D 信息。3D 视图是一个“伪三维”图像，效果如图 10－10 所示。

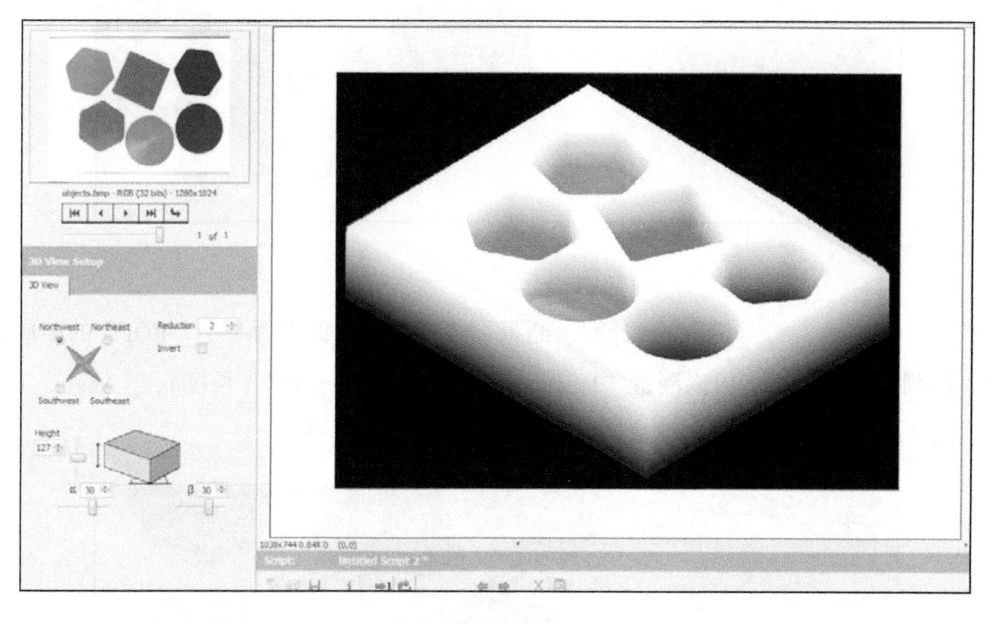

图 10－10 3D 视图

（5）“Brightness”（亮度） 用于改变图像的亮度、对比度和伽马值。此函数是可以用到实际检查步骤的，用于改善图像的质量，如改变亮度、增强对比度、改变伽马值等。单击函数后，出现如图 10－11 所示的亮度调节选项卡，我们可以根据实际需求改变参数。

（6）“Set Coordinate System”（设置坐标系） 这个函数首先需要一个参考特征，这样才能用于建立坐标系，坐标系是基于其他步骤的点位置，如找边缘、找模板、粒子分析等。设定坐标系函数只与点的位置与方向有关，因此与图像的格式无关，彩色、灰度、二值图像等都可以使用设定坐标系。

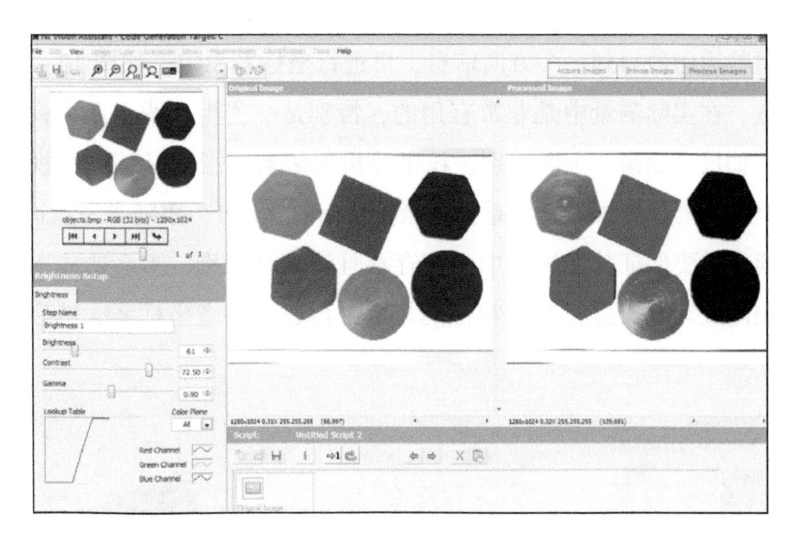

图 10 -11　亮度调节

因此，先使用函数“Edge Detector”找到一个边缘点（函数在后面介绍）。单击函数，直接在图像边缘对比强的地方画一条线，大部分图像都能找到边缘点，然后单击设置坐标系函数，如图 10 – 12 所示。通过函数“Edge Detector”找到的边缘点，有一个红色的直角坐标系，这个坐标系就是单击函数后默认建立的坐标系。在“Mode”坐标系的类型中，默认的是“Horizontal Motion”（水平运动），此外还有“Vertical Motion”（垂直运动）、“Horizontal and Vertical Motion”（水平和垂直运动）、“Horizontal、Vertical and Angular Motion”（水平、垂直带角度的运动）。从图 10 – 12 中可以看到，最后一个水平、垂直带角度运动的类型是灰色不可用的。这是因为前面找边缘点的步骤只找到了点，却没有方向，即坐标系没有相应的角度方向参考，因此带角度的运动不可用。

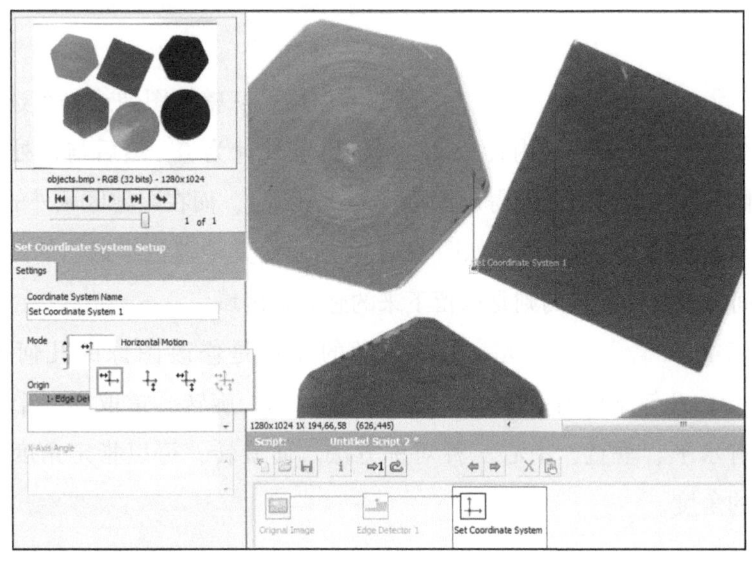

图 10 -12　设置坐标系（1）

可以通过找边函数得到一个方向信息，再进行坐标系设定，如图 10 - 13 所示。设置坐标系函数，在实际测量中是非常有用的，特别是一些生产线上或大视野中目标的定位测量上，如尺寸测量、条码识别、粒子分析等函数，当目标特征在视野的位置不确定时，这里就需要建立参考坐标系，使测量目标的“ROI”跟随参考点运动。而参考点的选择，通常需要保证其在视野中一定存在且清晰易识别，不会造成不确定性的特征，一般使用匹配等方式进行参考特征的提取，再建立参考坐标系，然后进行目标特征的测量。

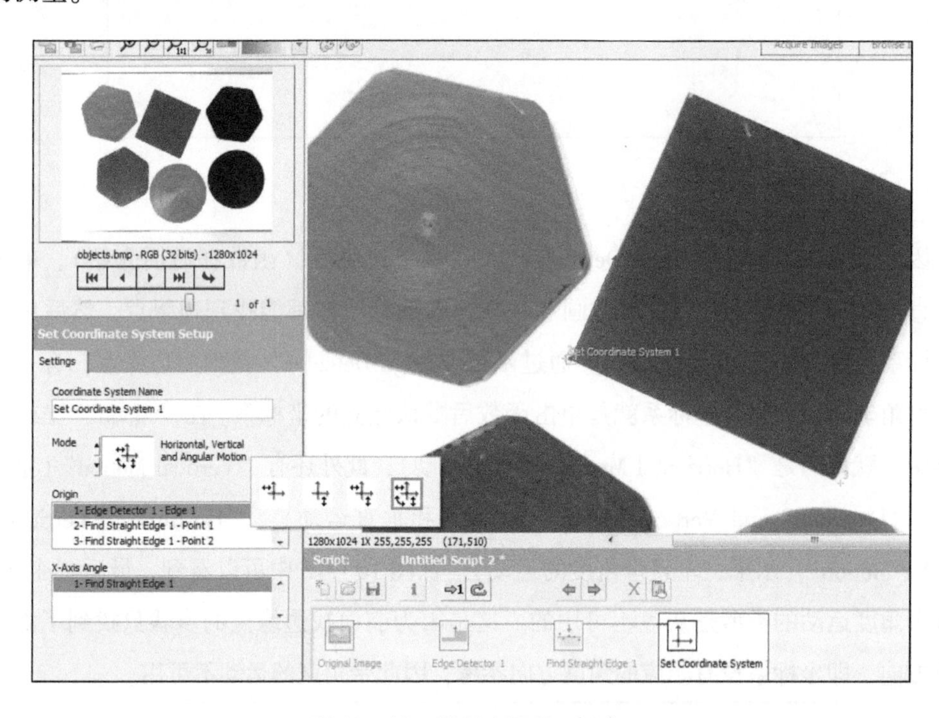

图 10 - 13　设置坐标系（2）

（7）“Image Mask”（图像掩模）　函数的作用是从整幅图像或一个选择的感兴趣区域创建一个掩模，兴趣区域内计为 1，兴趣区域外计为 0，然后与待处理的图像相乘，使其图像兴趣区域内的图像得以保留（与 1 相乘），而在兴趣区域外的图像则全部变为黑色（与 0 相乘）。图像掩模如图 10 - 14 所示。其中蓝色半透明的图像是被屏蔽掉的，而中间没有蓝色背景的则是保留下来的感兴趣区域。

（8）“Geometry”（几何学）　几何学的作用是修改图像的几何表示法，如图 10 - 15所示。几何学中有一个下拉列表，有对称、旋转、重取样三个选项。其中对称选项又有水平、垂直、中心三种对称方法。而旋转，可以指定角度，将原始图像旋转一定的角度。

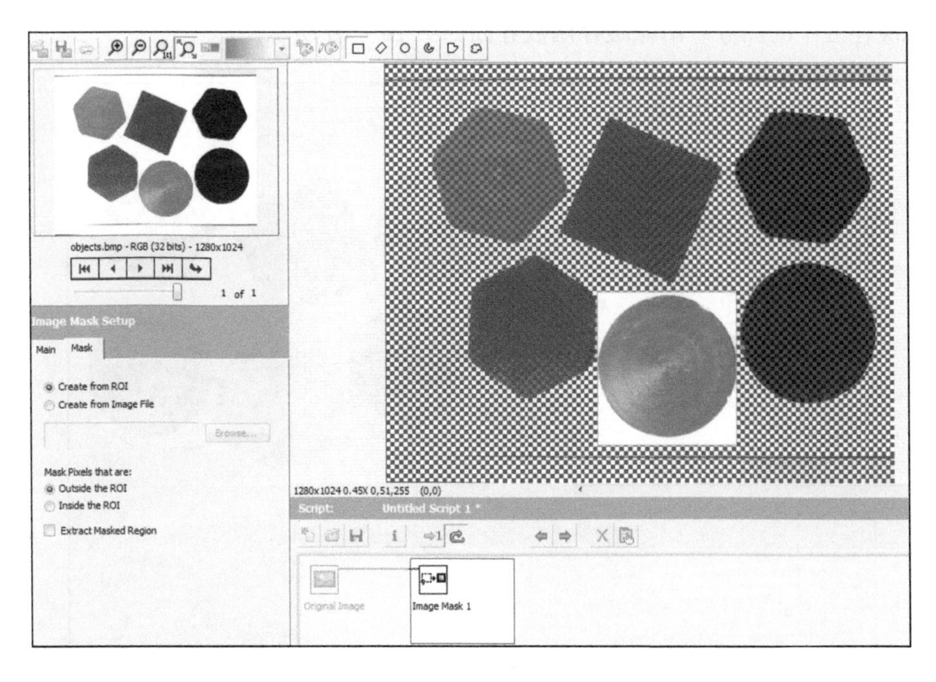

图 10 -14　图像掩模

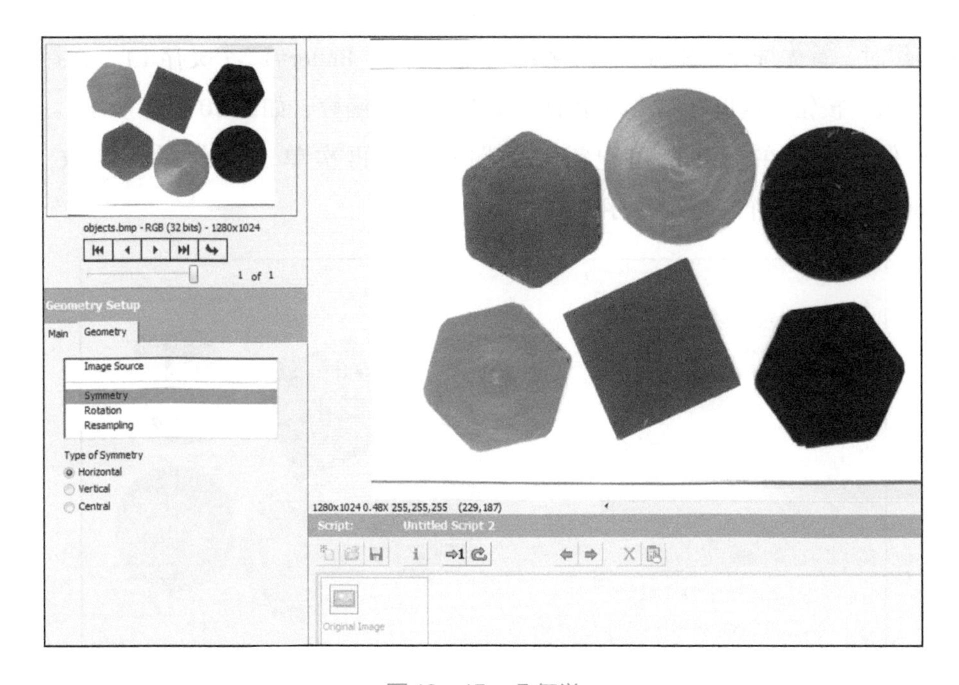

图 10 -15　几何学

（9）“Image Buffer”（图像缓存）　该函数用于把图像保存在缓存中并且可以取回这些图像。图像缓存的作用就是“NI Vision”中的复制函数“IMAQ Copy”，即建立新的图像缓存区，将当前图像复制到新的图像缓存区存储，当需要时，可以随时调用新的图像缓存区中的图像。图像缓存函数界面如图 10－16 所示。

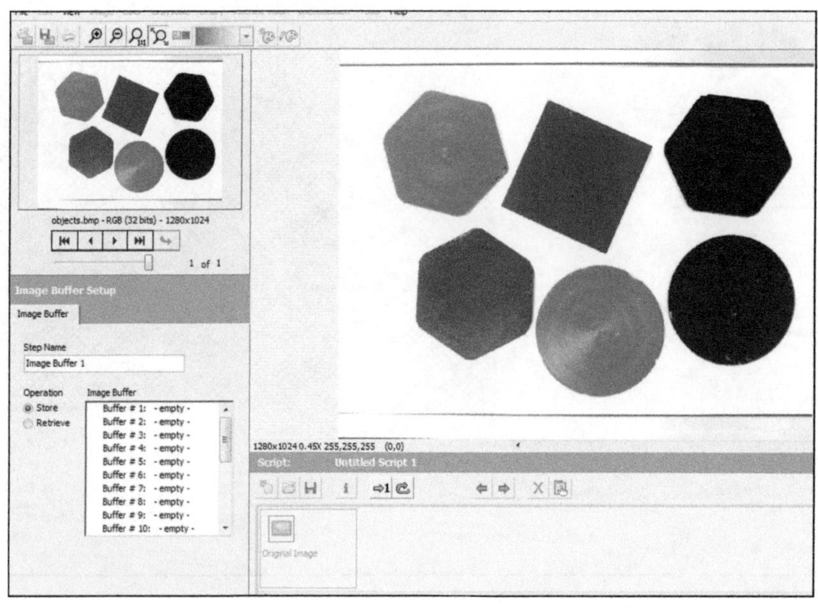

图 10－16　图像缓存函数界面

操作时，首先选择“Store”(保存)，然后选择“Buffer#1”(缓存 1)，选择好后，单击“OK”按钮，这里在脚本区会有一个图像缓存函数，如图 10－17 所示。此时图像已经保存，若在后续处理中需要此图片，可再次单击图像缓存函数，使用“Retrieve”(取回操作) 取出保存的图片。

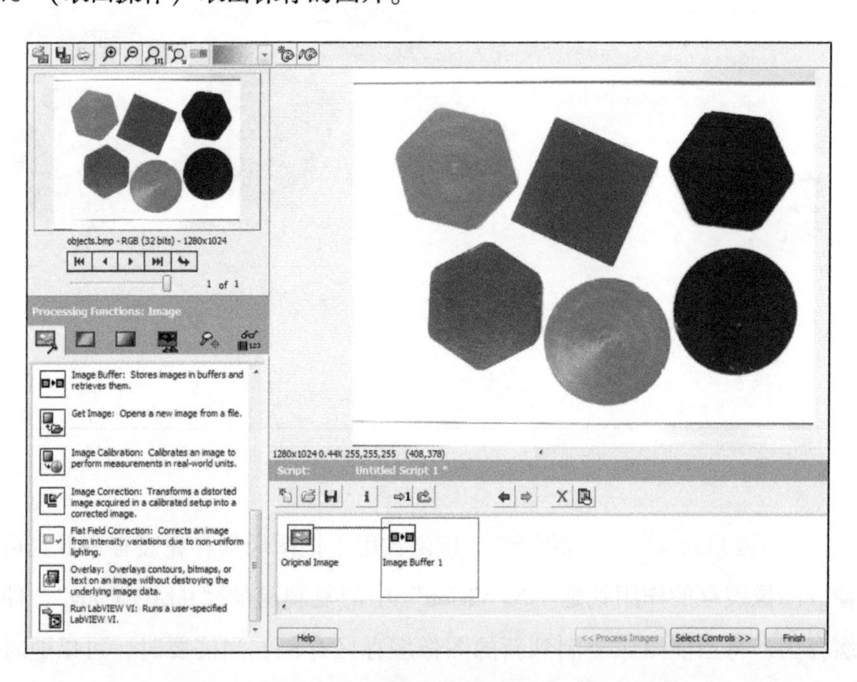

图 10－17　图像缓存

(10) "Get Image" (打开图像)　该函数指从文件中打开一幅新的图像。

(11) "Image Calibration" (图像标定)　该函数用于将像素坐标系转换成现实中的真实坐标系，从而将抽象的像素单位转换成常见的 mm、cm、m 等单位。高级的标定还会涉及畸变的计算，如梯形、桶形、枕形畸变等。图像标定函数的具体使用方法请看 9.1 节。

(12) "Calibration from Image" (从图像标定)　该函数是应用一个图像文件的标定信息到当前图像上。

(13) "Image Correction" (图像校正)　该函数的作用是获取已经标定过的图像中的设置来改变图像的畸变。

(14) "Overlay" (覆盖)　在图像上覆盖一些信息，比如在图像上放置直线、矩形、圆等 "ROI" 工具，叠加图片，添加文字信息等，如图 10-18 所示。

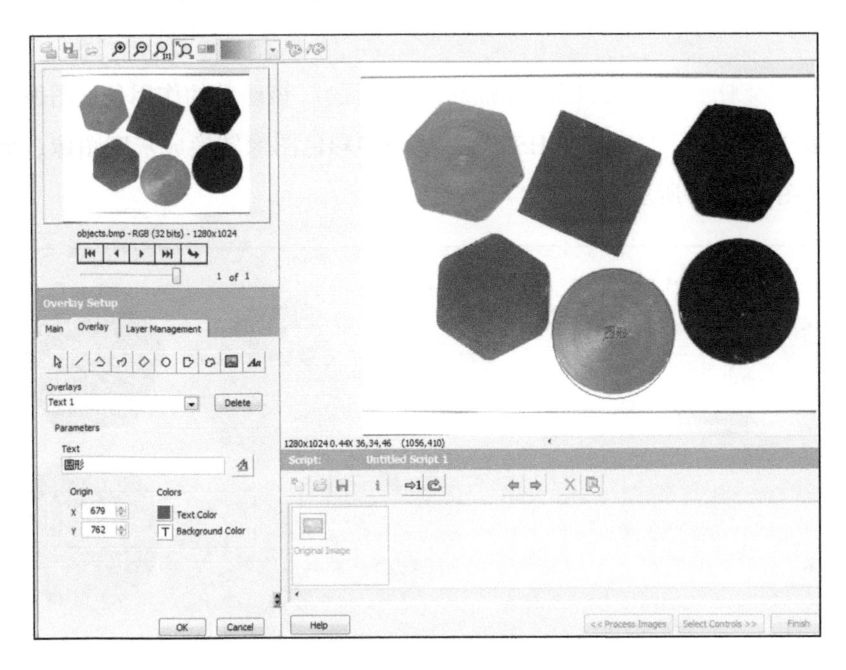

图 10-18　覆盖文本

10.2　彩色功能面板认知

"Color" (彩色) 功能面板如图 10-19 所示。面板中共有 8 个函数，下面逐一进行介绍。

(1) "Color Operators" (彩色运算)　在图像上进行算术和逻辑运算，如图 10-20 所示。

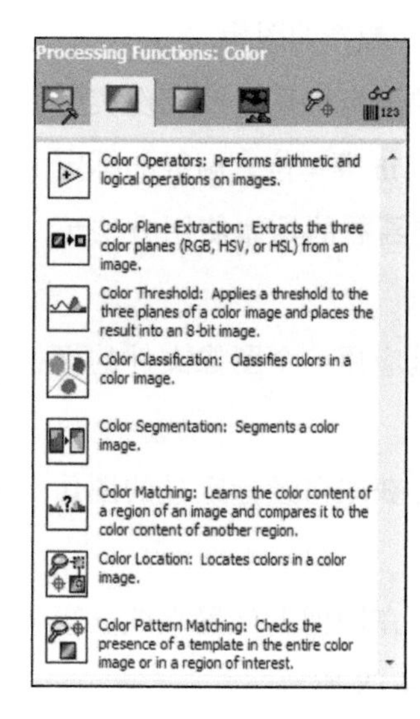

图 10－19　彩色功能面板

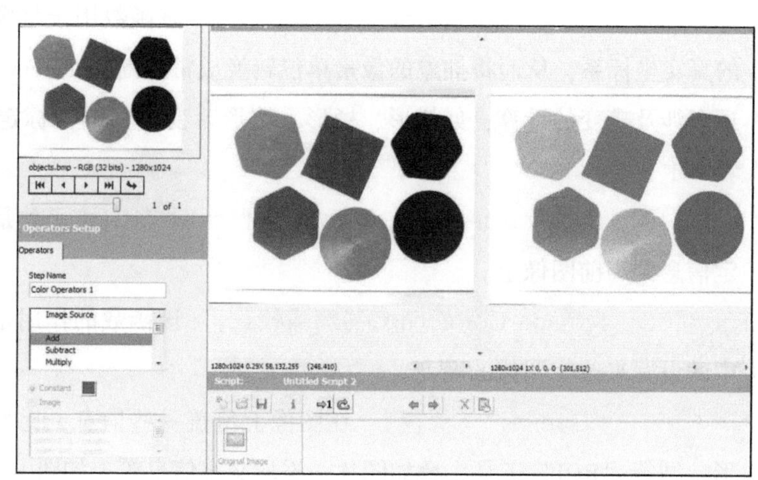

图 10－20　在图像上进行算术和逻辑运算

（2）“Color Plane Extraction”（抽取彩色平面）　该函数的作用是从图像中抽取三种颜色平面（“RGB”“HSV”“HSL”），从而将彩色图像转换成灰度图像。单击此函数，界面如图 10－21 所示。

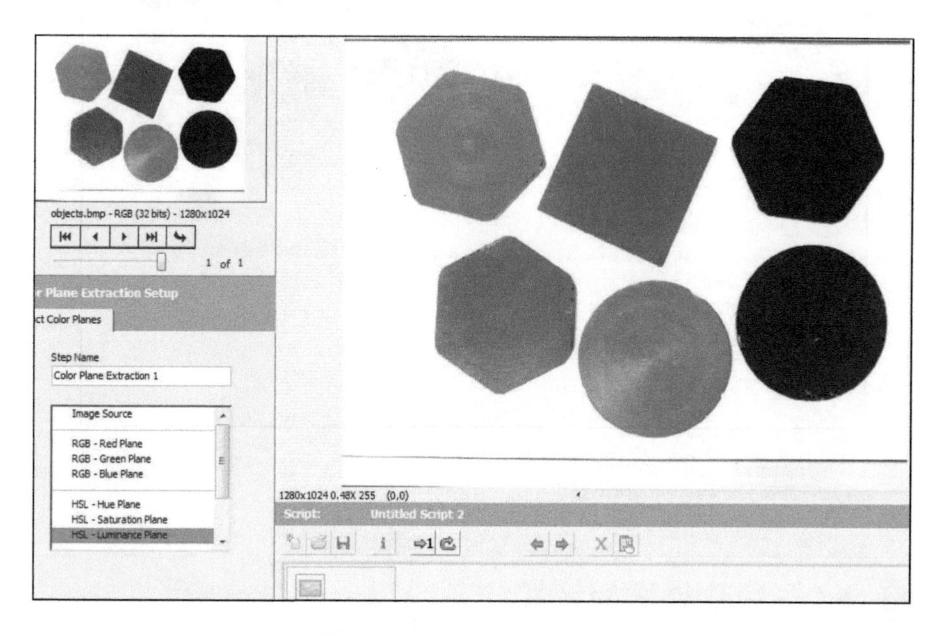

图 10－21　抽取彩色平面界面

（3）“Color Threshold”（彩色阈值）　该函数的作用是将彩色图像的三个平面应用阈值处理，并将结果放置到一幅 8bit 的图像中。单击函数，进入设置界面，如图 10－22 所示。

1）“Color Model”：为颜色空间模式，有“RGB”“HSL”“HSV”“HSI”等。

2）“Preview Color”：预览颜色。

3）“Red”：红色。

4）“Green”：绿色。

5）“Blue”：蓝色。

6）“Histogram”：直方图。

通过图像功能面板里的线剖面图函数测量出待提取颜色的“RGB”信息或者“HSL”信息，并对这些参数设置恰当的阈值，从而对彩色图像进行二值化处理，以达到要求。图 10－23所示为用“HSL”将黑色块提取出来（以绿色表示）。

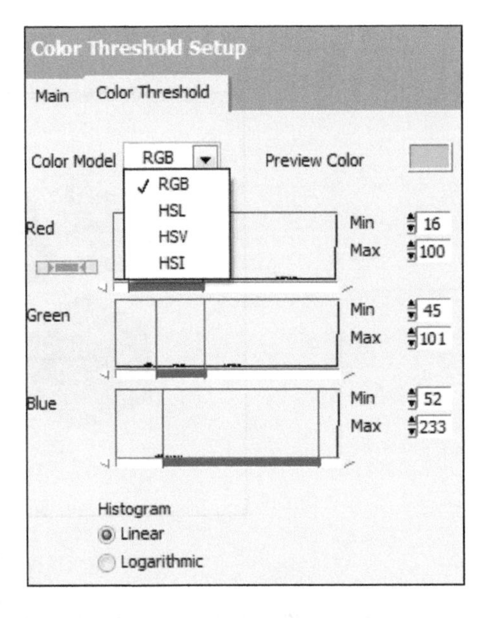

图 10－22　彩色二值化设置界面

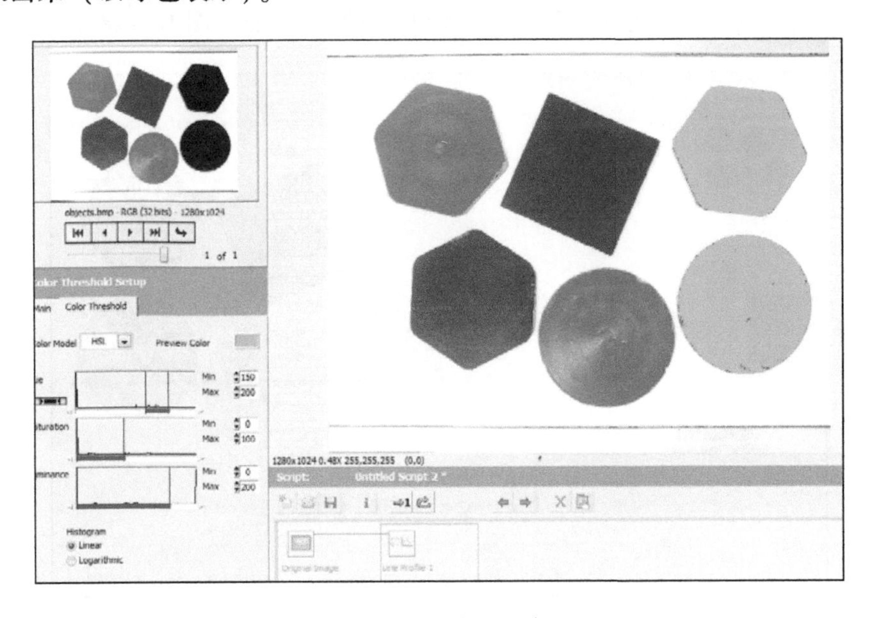

图 10－23　提取黑色

（4）“Color Classification”（颜色分类）　该函数的作用是对“ROI”中的颜色进行分类并判断其属于哪一类颜色。

（5）“Color Segmentation”（颜色分割）　该函数的作用是将彩色图像中的不同颜色分离出来，以不同的灰度级别进行表示。函数说明信息为“分割一幅彩色图像”。

（6）“Color Matching”（颜色匹配）　该函数的作用是根据图像模板相关颜色信息来比较一个图像或者图像区域的颜色内容。这个函数不能修改图像。

颜色匹配要先创建颜色模板，如图 10 - 24 所示。

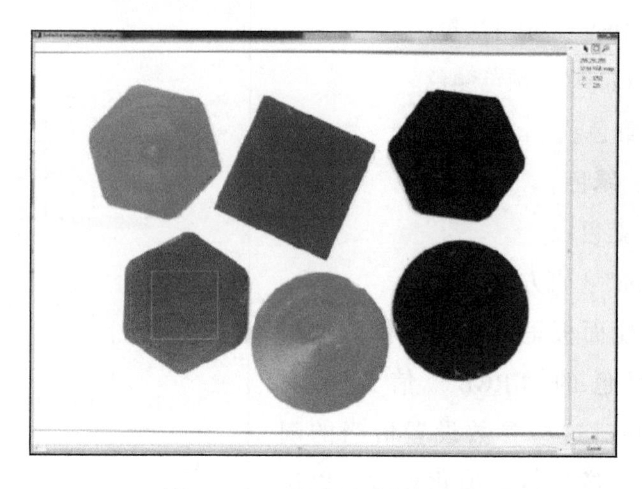

图 10 -24　颜色匹配模板学习

创建好图像模板后，保存文件，然后在图像显示区用“ROI”工具选择检测区域，如果是类似的颜色，匹配通过，否则匹配失败，如图 10 - 25 ~ 图 10 - 28 所示。

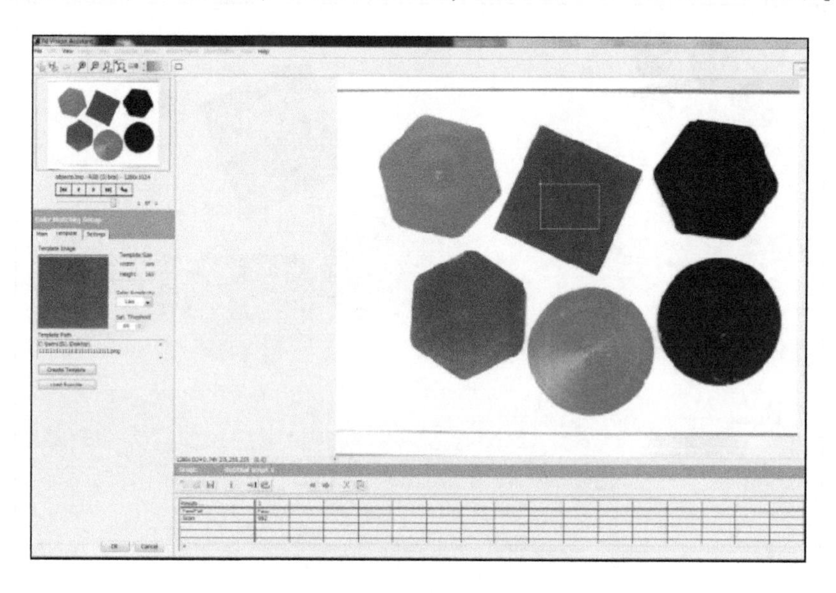

图 10 -25　颜色匹配通过

Results ...	1
Pass/Fail	Pass
Score	992

图 10 -26　颜色匹配通过结果

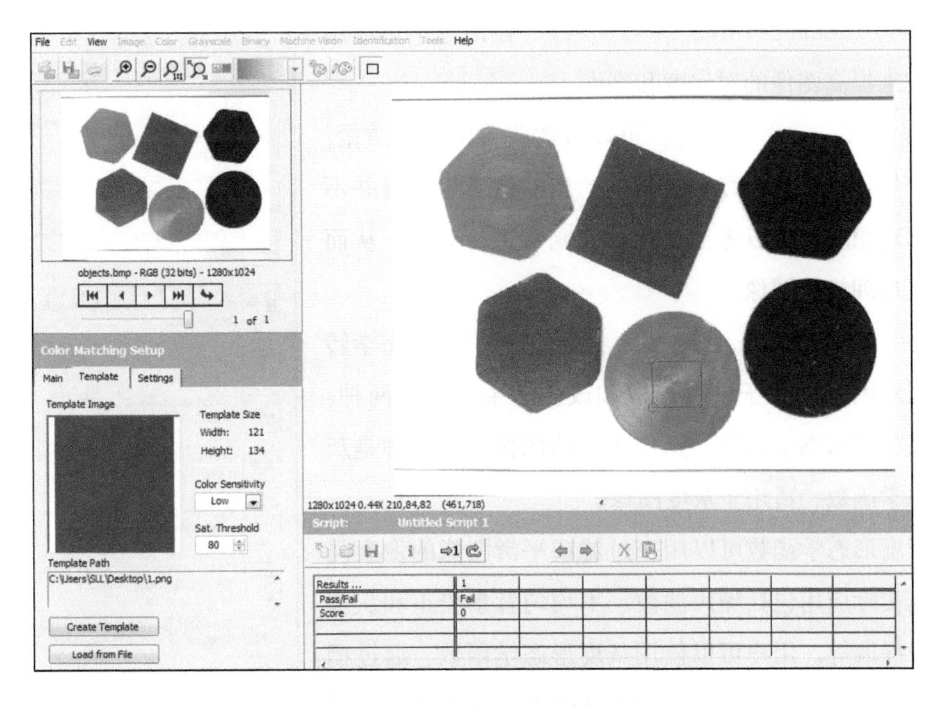

图 10－27　颜色匹配失败

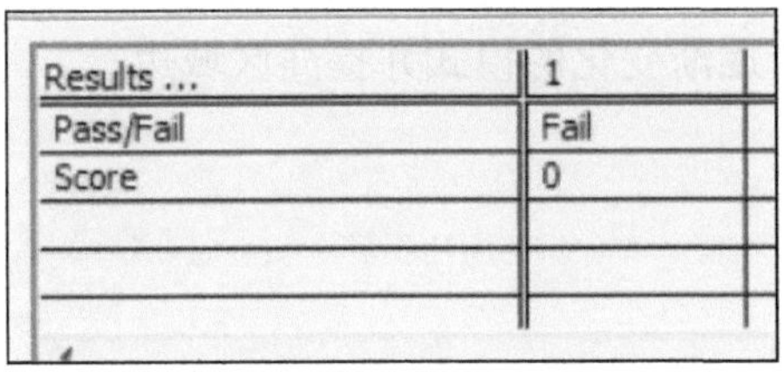

Results ...	1
Pass/Fail	Fail
Score	0

图 10－28　颜色匹配失败结果

（7）“Color Location”（颜色定位）　该函数的作用是在一幅彩色图像中找到指定的颜色。函数说明信息为“在一幅彩色图像中定位颜色”。

（8）“Color Pattern Matching”（颜色模式匹配）　该函数的作用是在一幅彩色图像或“ROI”兴趣区域中查找模板。函数说明信息为“在整幅图像或‘ROI’中检查模板的存在性”。

10.3　灰度功能面板认知

“Grayscale”（灰度）功能面板包含的函数如图 10－29 所示。这里的函数以预处理函数为主，但是也有一些测量类的函数，本章不作为重点。

（1）“Lookup Table”（查找表） 在图像中可应用查找表来提高图像的对比度和亮度。

（2）“Filters”（滤波） 可以有效改善图像的质量，使图像处理系统更加稳定。因此，当图像质量本身并不是非常理想时，可以考虑使用滤波函数进行滤波，从而得到更加理想的图像。

（3）“Gray Morphology”（灰度形态学） 形态学转换可以对图像的粒子进行提取和改变。主要分为两种：一种是二值形态学函数，适用于二值图像；另一种是灰度形态学函数，适用于灰度图像。

灰度形态学函数可以用来过滤或平滑图像的像素强度。其实际应用包括噪声滤波、不均匀背景校正和灰度级特征提取等。用户可以使用灰度形态学函数，通过牺牲黑暗区域来扩大明亮区域的方法改变区域的形状，反之通过牺牲明亮区域扩大黑暗区域的方法也一样有效。这些形态学函数可以平滑逐渐变化的模式并提高区域边缘的对比度。

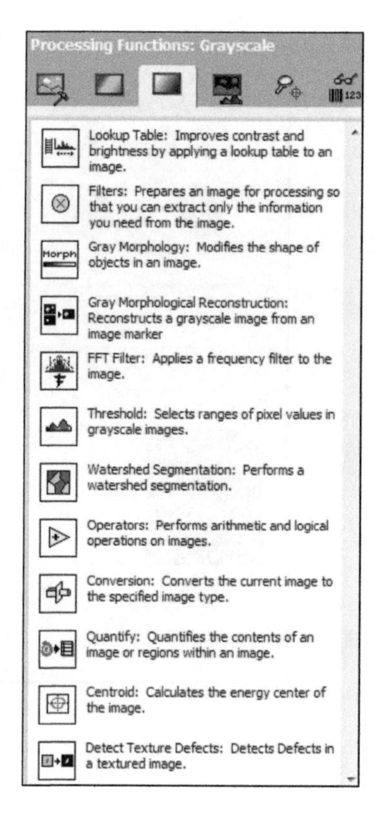

图10－29 灰度功能面板

（4）“Gray Morphological Reconstruction”（灰度形态学重建） 从一个图像标记重建一个灰度图像。

（5）“FFT Filter”（傅里叶滤波器） 使用这个函数来删除高频率或低频率“FFT”平面，去除高频噪声尖锐的边缘，消除低频率，如光强度的变化，并强调细节。

（6）“Threshold”（阈值） 二值化图像，这里是对灰度图像进行二值化处理，彩色图像不能使用该功能。处理后的图像中只有黑白两色，而不是灰度图或彩色图。

（7）“Watershed Segmentation”（分水岭分割） 该函数在图像二值化后使用，将没有相连的物体分割处理，得到不相连物体的个数。

（8）“Operators”（运算） 与色彩运算类似，区别是该运算是与常数、灰度图像进行运算的。

（9）“Conversion”（转换类型） 将灰度图由 *X*bit 深度转换成 *Y*bit 深度图，如将 8bit 灰度图转换为 16bit 深度图，将 16bit 图转换成 8bit 或浮点型等。

（10）“Quantify”（定量分析） 使用这个函数来量化图像或图像区域的内容。

(11)"Centroid"(质心) 使用这个函数来计算图像或者区域的质心。

(12)"Detect Texture Defects"(纹理缺陷检测) 使用该函数前首先要创建纹理分类，训练纹理分类，然后测试。

10.4 二值功能面板认知

"Binary"(二值) 功能面板只能处理二值化后的图像，包含预处理函数及部分测试、测量函数，如图 10－30 所示。

(1)"Basic Morphology"(基础形态学) 影响二值图像中粒子形状。每个粒子或区域在单个基础形态学上都有影响。我们可以用这个函数完成诸如扩大目标、缩小目标、填充洞、关闭粒子、平滑边界等工作，以便后续的图像定量分析，如图 10－31 所示。

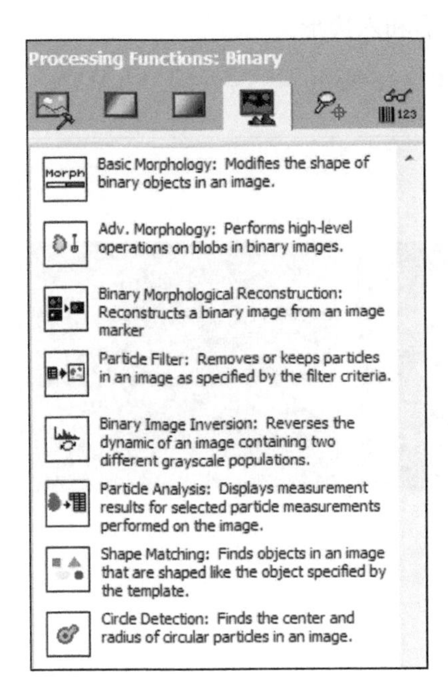

图 10－30 二值功能面板

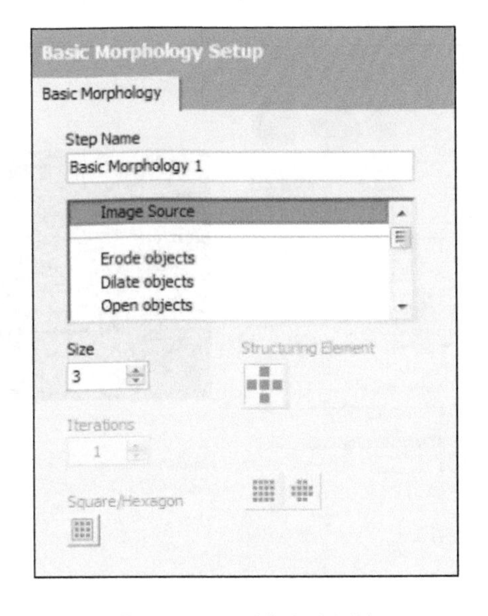

图 10－31 基础形态学

1)"Image Source"：原始图像。

2)"Erode objects"：腐蚀目标。

3)"Dilate objects"：膨胀目标。

4)"Open objects"：开操作。

5)"Close objects"：关操作。

6）“Proper Open”：适当开。

7）“Proper Close”：适当关。

8）“Gradient In”：梯度内，提取粒子内部轮廓。

9）“Gradient Out”：梯度外，提取粒子外部轮廓。

10）“Auto Median”：自动中值。

11）“Thick”：加粗，利用指定的掩模消除一些粒子来改变目标的形状，可用于填充洞和沿着边缘正确的角度平滑目标。

12）“Thin”：变细，利用指定的掩模消除一些粒子来改变目标的形状。可用于消除背景上独立的像素和沿着边缘按照正确的角度平滑目标。

13）“Structuring Element”：掩模。

14）“Size”：掩模的尺寸。

15）“Iterations”：迭代次数。

16）“Square/Hexagon”：掩模形状，正方形和六边形。

例如，选择“Erode objects”，效果如图 10－32 所示。

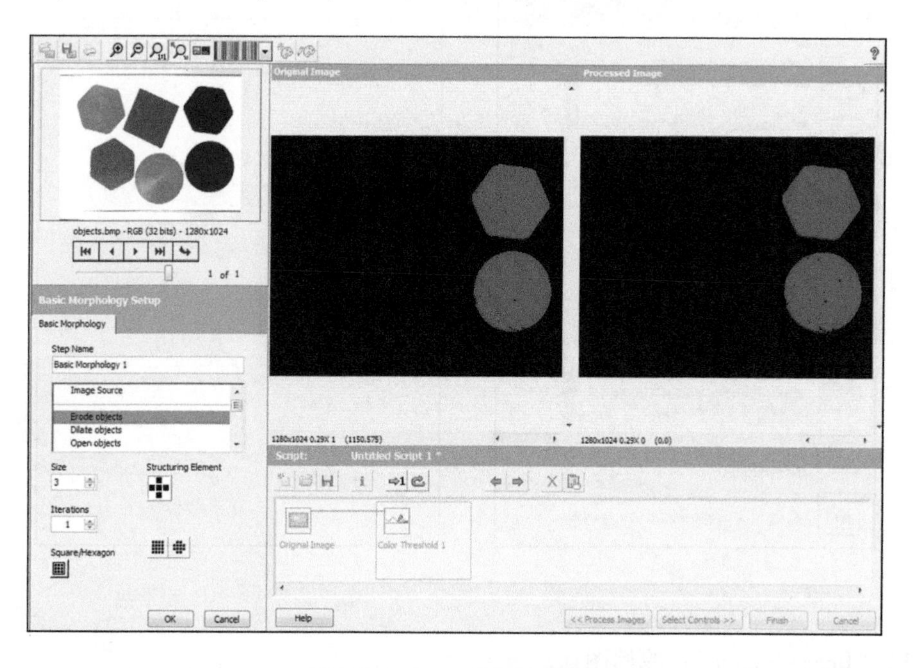

图 10－32　二值腐蚀效果

（2）“Adv. morphology”（高级形态学）　对图像中的粒子执行高级的算法，利用此函数可以完成去除小粒子、标记粒子、填充孔洞等，如图 10－33 所示。

1）“Image Source”：原始图像。

2）“Remove small objects”：去除小目标。小目标由腐蚀数（Iterations 迭代）决定。

3）“Remove large objects”：去除大目标。大目标由腐蚀数（Iterations 迭代）决定。

4）“Remove border objects”：去除图像边缘上的粒子。

5）“Fill holes”：填充孔洞。

例如，二值化后的图像如图 10－34 所示。

先选择“Remove small objects”（去除小粒子），效果如图 10－35 所示。

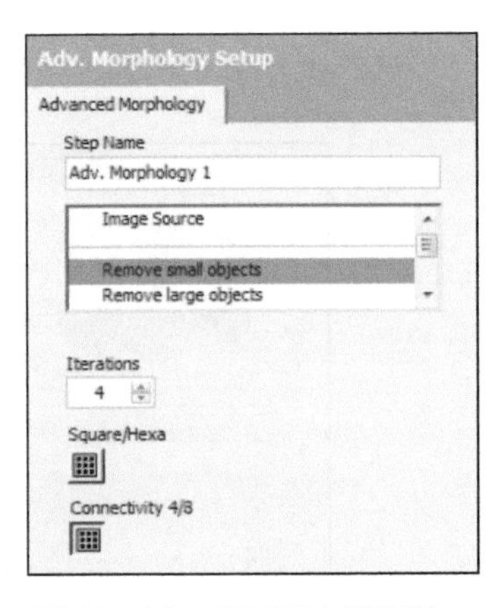

图 10－33　高级形态学选项

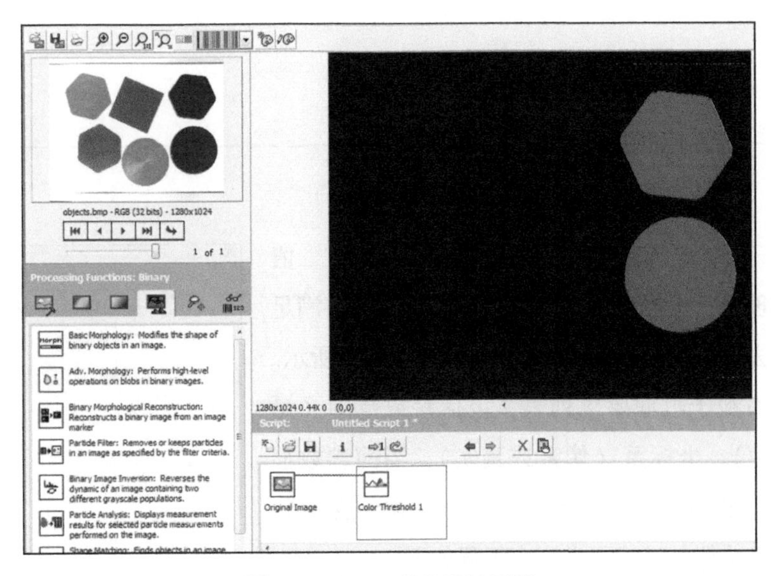

图 10－34　二值化后的图像

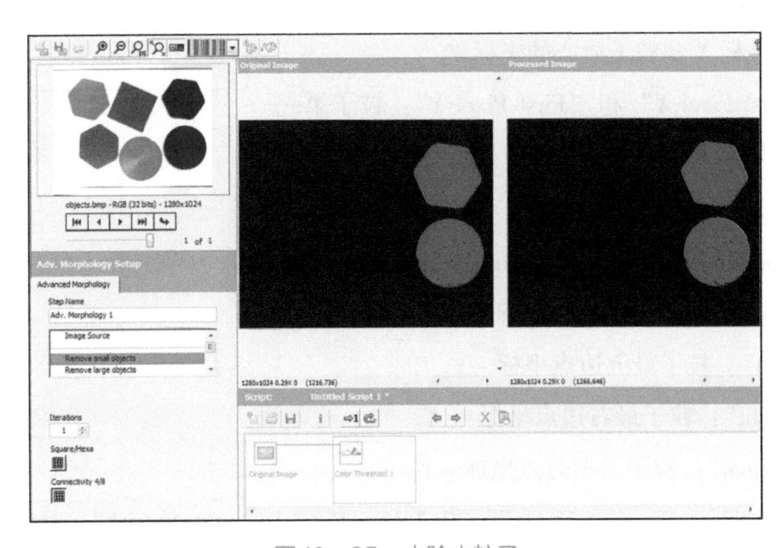

图 10－35　去除小粒子

然后选择填充孔洞，效果如图 10－36 所示。

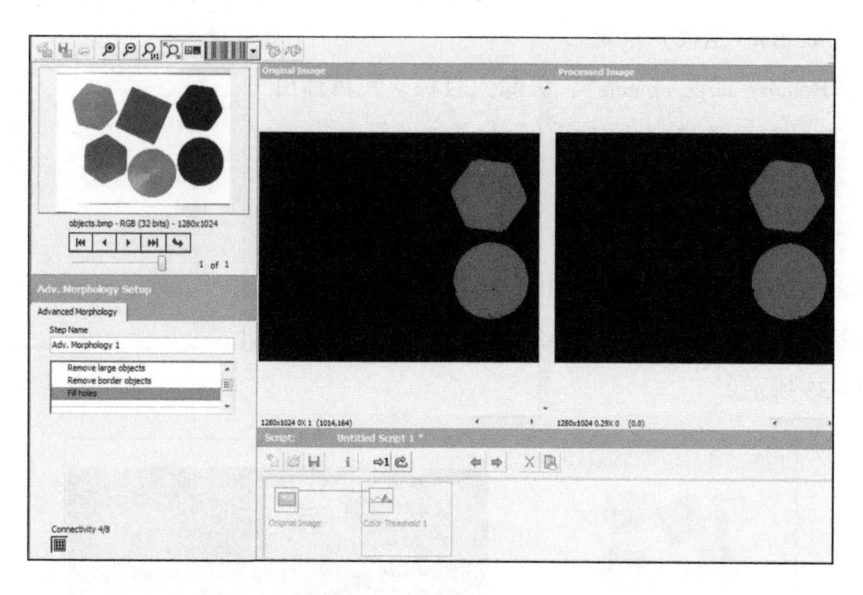

图 10－36　填充孔洞

（3）“Particle Filter”（粒子过滤）　在图像二值化并经过处理后，根据设置的条件对粒子过滤，将满足条件的粒子去除或保留。其配置选板如图 10－37 所示。其中的参数有粒子过滤要求列表，包括参数范围（最小值、最大值）、坐标系（像素或真实）、当前参数显示（最小值、最大值、平均值）、动作（去除、保留）、重置、连通方法等。过滤要求列表解释如下。

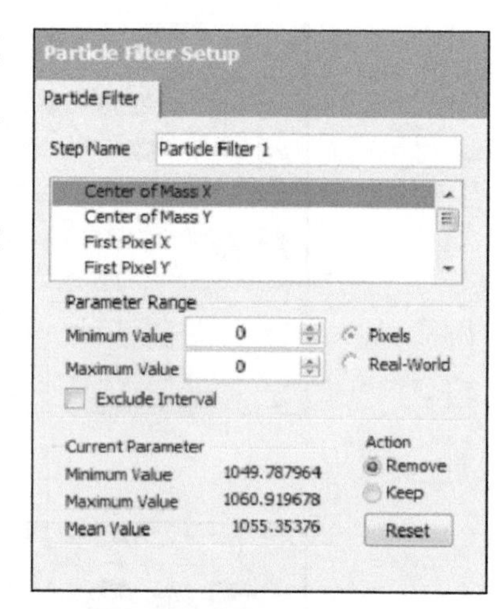

图 10－37　粒子过滤配置选板

1）“Center of Mass X” 和 “Center of Mass Y”：粒子质心的坐标 X 和粒子质心的坐标 Y。

2）“First Pixel X” 和 “First Pixel Y”：粒子第一点（粒子中最靠上、最靠左的点）的坐标 X 和粒子第一点的坐标 Y。

3）“Bounding Rect”（Left，Right，Top and Bottom）：边界矩形（左右上和下）。

4）“Left”：粒子最左边点坐标－X。

5）“Top”：粒子最上边点坐标－Y。

6）“Right”：粒子最右边点坐标 －X。

7）“Bottom”：粒子最下边点坐标－Y。

8）“Max Feret Diameter Start X” 和 “ Max Feret Diameter Start Y”：最大 “FERET”

直径开始坐标 X 和最大 “FERET” 直径开始坐标 Y。Feret 直径是指粒子周边最远两点间的距离。

9）“Max Feret Diameter End X” 和 “ Max Feret Diameter End Y”：最大 “FERET” 直径结束坐标 X 和最大 “FERET” 直径结束坐标 Y。

10）“Max Horiz. Segment Length” （Left，Right，and Row）：最大水平段长坐标，即一个粒子中沿水平方向最长的那条线的左边点横坐标，右边点横坐标，以及此线的纵坐标。

11）“Bounding Rect”（Width，Height and Diagonal）：边界矩形（宽、高和对角线）。

12）“Perimeter”：粒子的周长。由于粒子的边界是由离散的点组成的，视觉助手会二次抽样边界点来逼近一条更平滑、更正确的周长。

13）“Convex Hull Perimeter”：凸壳的周长。

14）“Hole's Perimeter”：粒子中所有洞的周长（和）。

15）“Max Feret Diameter”：粒子周边最远两点的距离。

16）“Equivalent Ellipse” [Major Axis，Minor Axis and Minor Axis（Feret）]：等效椭圆（长轴长度、短轴长度以及用 “FERET” 为长轴面积与粒子相等的椭圆的短轴）。

17）“Equivalent Rect” [Long Side，Short Side，Diagonal and Short Side（Feret）]：等效矩形（长边、短边、对角线和以 “FERET” 为最长边面积与粒子相等的矩形的短边）。

18）“Average Horiz. Segment Length”：粒子水平分割长度平均值。

19）“Average Vert. Segment Length”：粒子垂直分割长度平均值。

20）“Hydraulic Radius”：水力半径。水力半径 = 粒子面积/粒子周长。

21）“Waddel Disk Diameter”：瓦德尔圆直径，即面积与粒子相等的圆的直径。

22）“Area”：粒子面积（不含洞）。

23）“Holes' Area”：粒子中所有洞的面积。

24）“Particle & Holes' Area”：粒子面积（包含内部的洞）。

25）“Convex Hull Area”：凸壳面积。

26）“Image Area”：图像面积。

27）“Number of Holes”：粒子中洞的个数，精确到粒子中的一个像素。

28）“Number of Horiz. Segments”：粒子水平分割数。

29）“Number of Vert. Segments”：粒子垂直分割数。

30）“Orientation”：方向。通过粒子的质心拥有最小惯性矩的直线（与水平方向）角度。

31）“Max Feret Diameter Orientation”：最大 “FERET” 直径的方向。

32）“Ratio of Equivalent Ellipse Axes”：等效椭圆轴的比率，即长轴长度与短轴长度的比值。

33）“Ratio of Equivalent Rect Sides”：等效矩形边的比率，即长边长度与短边长度的比值。

34）“Elongation Factor”：延长因子，即最大“FERET”直径与等效矩形“FERET”短边长度的比值。越细长的粒子，延长因子越大。

35）“Compactness Factor”：紧密因子，即粒子截面积与外接矩形的面积的比值。紧密因子范围为［0，1］。粒子形状越接近矩形，紧密因子越接近1。

36）“Heywood Circularity Factor”：海伍德圆度因子，即粒子周长与和粒子截面积相等的圆的周长的比值。粒子的形状越接近圆，海伍德圆度因子越接近1。

37）“Type Factor”：类型因子，和面积的惯性矩有关。

38）“Angle”：角度，即延逆时针方向旋转与X轴的夹角度数，范围为［0°，180°）。

39）“Sum…”：和，即各种相对于X、Y轴的动量合。

40）“Moment of Inertia…”：粒子质心动量。

41）“Norm. Moment of Inertia…”：归一化惯性矩。

42）“Hu Moment…”：源于普通惯性矩测量。

例如，经过前面步骤的处理后，希望根据面积去除一些太大或太小的粒子，设置如图10－38所示。

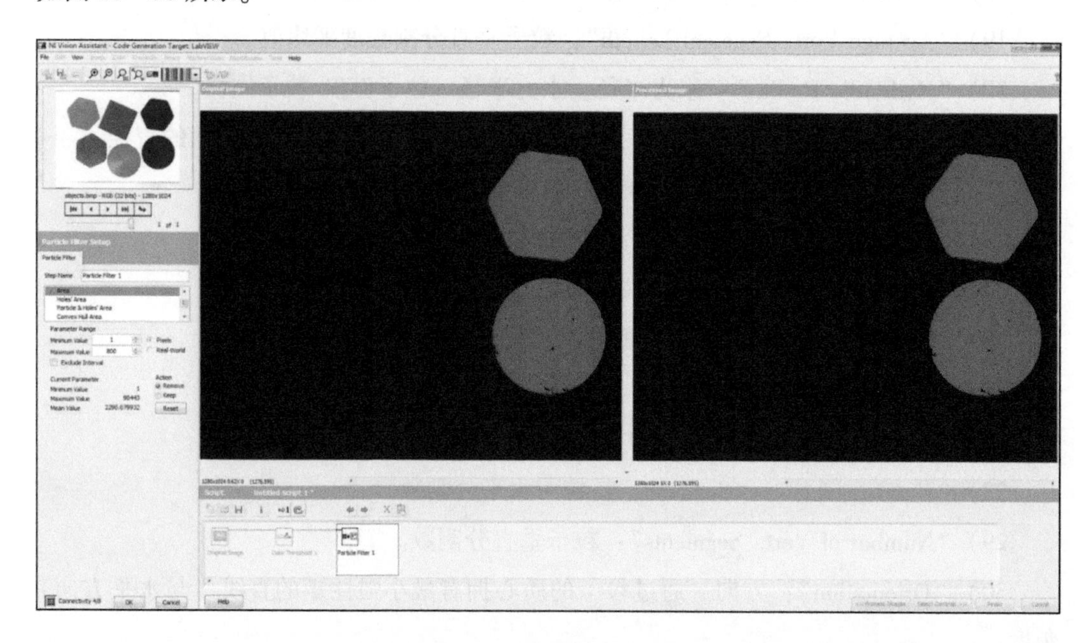

图10－38　面积过滤后效果

(4)"Binary Image Invertion"(反转二值图像)　使用这个函数反转图像，使背景像素为粒子，粒子为背景像素。

(5)"Particle Analysis"(粒子分析)　使用这个函数测量图像中的粒子形状。设置面板如图 10－39 所示。

使用 "Select Measurements" 按钮选择要分析的参数，这里的参数和粒子过滤的参数是一样的，可以参考，如图 10－40 所示。

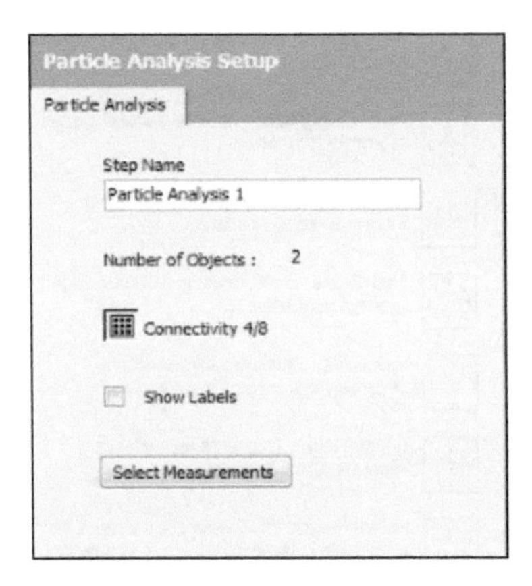

图 10－39　粒子分析设置面板

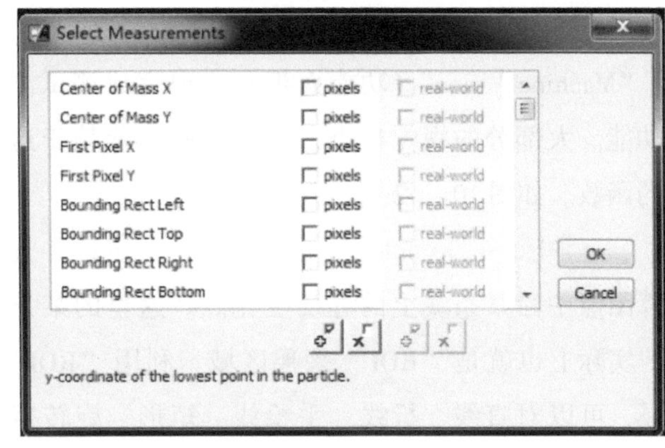

图 10－40　粒子分析选项

例如，选择 "Area" 分析，将得到二值图像上所有粒子的面积，效果如图 10－41 所示。

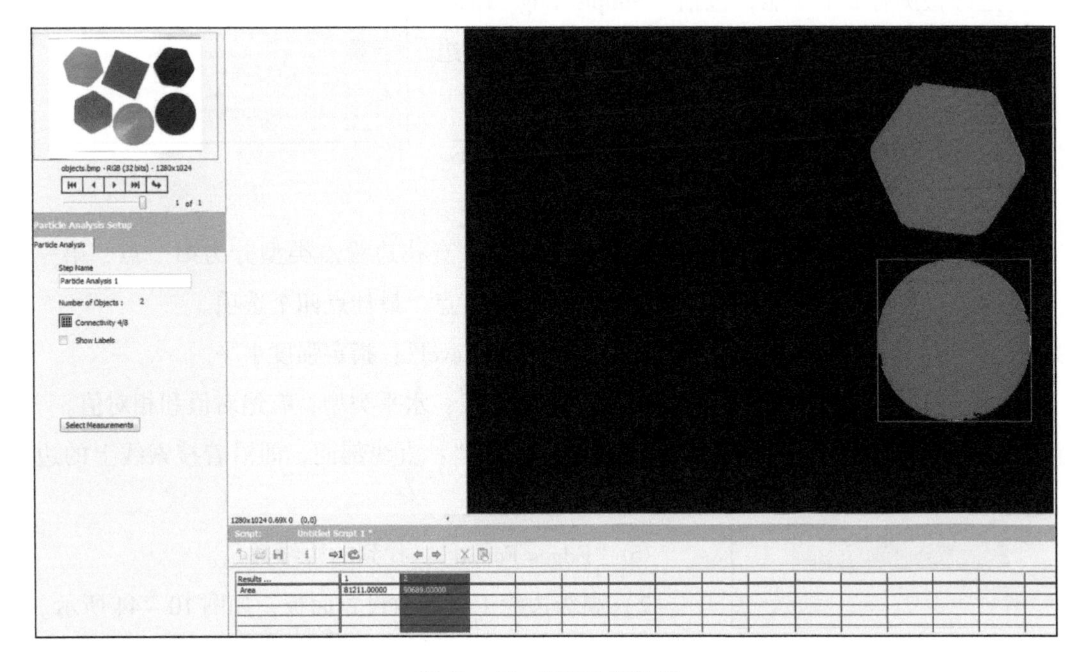

图 10－41　面积分析效果

（6）“Shape Matching”（形状匹配） 该函数用于搜索图像中一个类似于一个模板对象的形状。

（7）“Circle Detection”（圆检测） 该函数用来找一个图像中圆形粒子的中心和半径。

10.5 机器视觉功能面板认知

“Machine Vision”（功能面板）主要完成测试测量功能。大部分的视觉检查，最终都基本依赖于这里的函数。如图 10－42 所示。

Processing Functions: Machine Vision

Edge Detector: Detects edges in grayscale images.

Find Straight Edge: Locates a straight edge in a region of interest.

Adv. Straight Edge: Locates a straight edge in a region of interest.

Find Circular Edge: Locates a circular edge in a region of interest.

Max Clamp: Measures the maximum distance separating object edges.

Clamp (Rake): Measures the distance separating object edges.

Pattern Matching: Checks the presence of a template in the entire image or in a region of interest based on its intensity.

Geometric Matching: Checks the presence of a template in the entire image or in a region of interest based on geometric

Contour Analysis: Analyzes the contour of objects for defects.

Shape Detection: Finds geometric shapes in the image or in a region of interest.

Golden Template Comparison: Compares areas of an image to a learned template and returns the difference found in the image.

Caliper: Displays the results of the measurement performed on the selected points.

图 10－42 机器视觉功能面板

（1）“Edge Detector”（边缘检测） 定位并且计算图像中沿某条线上的亮度变化点。这里的某条线，实际上也就是“ROI”兴趣区域。利用“ROI”工具，可以对直线、折线、手绘线、矩形、旋转矩形、椭圆、环、封闭折线、封闭手绘线进行设置。设置好“ROI”后，函数就在此兴趣区域寻找强度有变化的点。

边缘检测有 2 个功能，包括“Simple Edge Tool”（简单边缘工具）和“Advanced Edge Tool”（高级边缘工具）。

1）简单边缘工具参数设置面板如图 10－43 所示。包括以下参数。

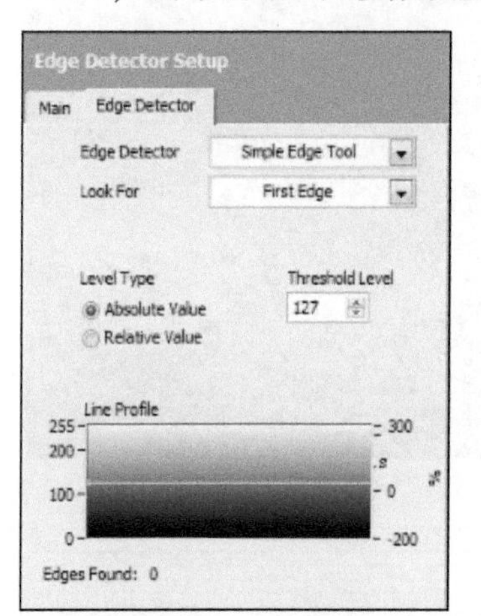

图 10－43 简单边缘工具参数设置面板

①“Look for”：查找边缘点类型分为第一点、第一点和最后一点、所有点、最佳点四个选项。

②“Threshold Level”：指定强度水平。

③“Level Type”：水平类型，有绝对值和相对值。

④“Line Profile”：直线剖面，即沿着搜索线上的边缘对比度。

⑤“Edges Found”：找到的边缘数量。

2）高级边缘工具参数设置面板，如图 10－44 所示。

包括以下参数。

①“Look For”：查找边缘点类型分为第一点、第一点和最后一点、所有点、最佳点四个选项。

②“Edge Polarity”：边缘点极性，分为所有点、仅仅黑到白（暗到亮）的点、仅仅白到黑（亮到暗）的点。

③“Kernel Size”：内核尺寸，即边缘检查内核的尺寸。

④“Interpolation Type”：插值类型，包括“Zero Order”(零阶插值)，“Bilinear”(双线性插值)，“Bilinear Fixed”(固定双线插值)。

⑤“Width”：投影宽度。

⑥“Min Edge strength”：最小边缘强度。

⑦“Edge Strength Profile”：边缘强度剖面图。

⑧“Edge Found”：找到的边缘数量。

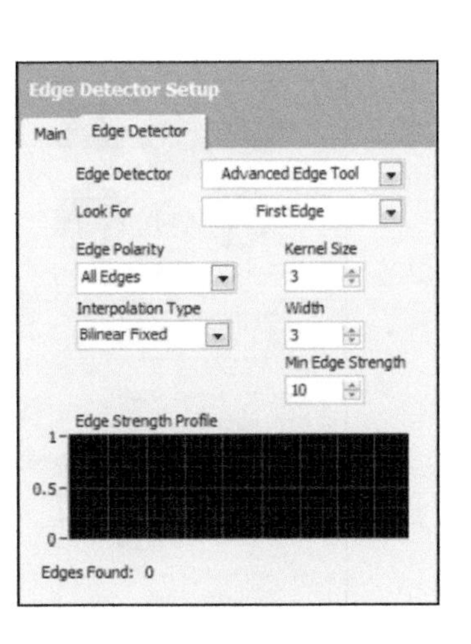

图 10－44　高级边缘工具参数设置面板

利用高级边缘工具，设置好参数后可以找到 2 个边缘点，如图 10－45 所示。

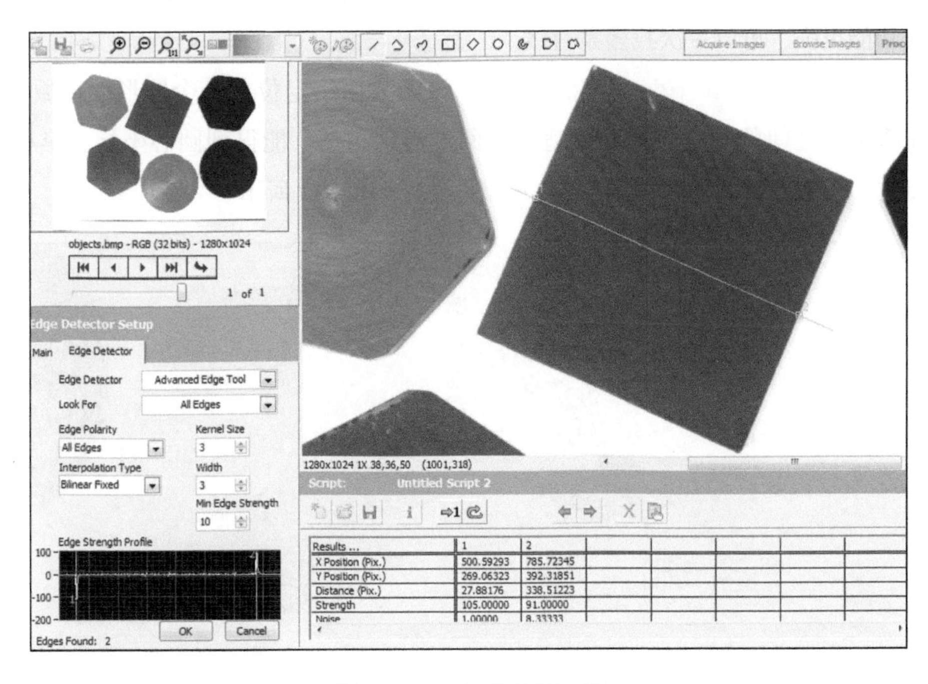

图 10－45　边缘检测实例

（2）“Find Straight Edge”（找直线）　在“ROI”兴趣区域中找出直线。参数设置和找边缘点类似，这里就不再介绍。找正方形的上边，结果如图 10－46 所示。

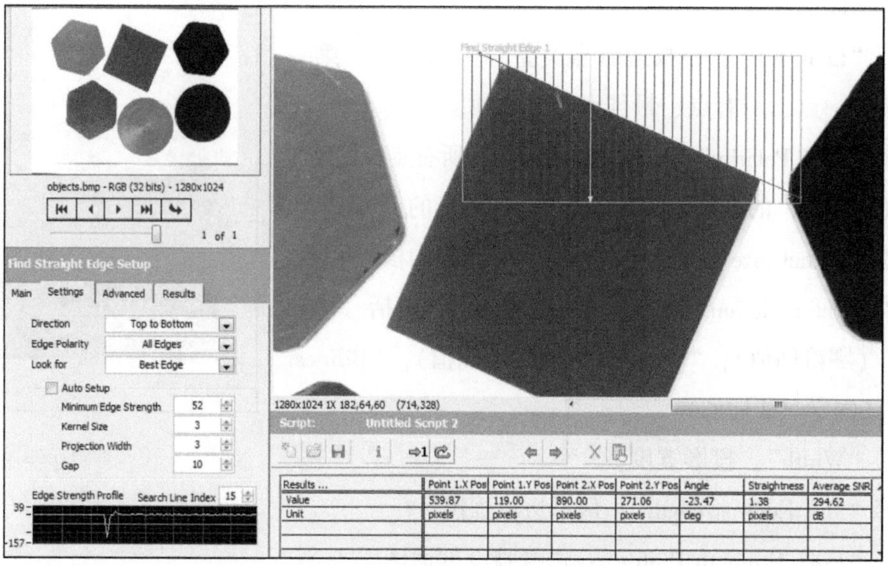

图 10－46　找正方形的上边

（3）“Adv. Straight Edge”（高级直线边缘）　该函数功能比“Find Straight Edge”找直线功能更强，可以一次找多条直线。

（4）“Find Circular Edge”（找圆边）　该函数用于定位在一个圆形的区域（环）和一组搜索线之间的交点，找到最适合的圆。通过测量，能得到圆心坐标、半径、偏差等函数。设置好参数后，可以找到一个圆，如图 10－47 所示。

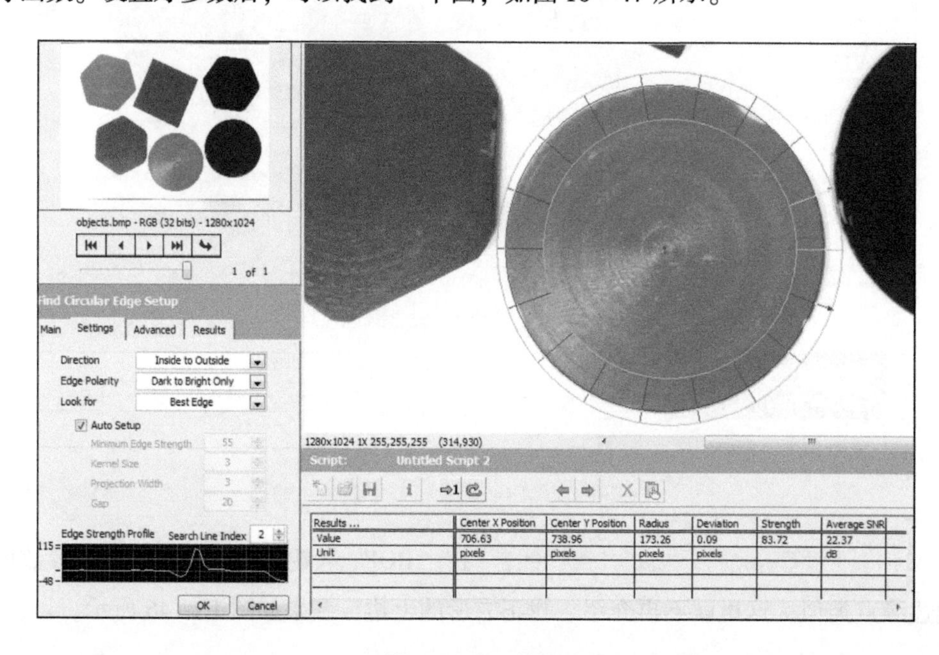

图 10－47　找圆

（5）“Clamp（Rake）”（夹钳功能）　使用这个函数在图像绘制的矩形区域查找边缘并测量第一个和最后一个边缘之间的距离。

（6）“Pattern Matching”（模式匹配）　模式匹配可以快速地定位一个灰度图像的区域，这个灰度图像区域与一个已知的参考模板是匹配的。模板是图像中特征的理想化表示形式。当使用模式匹配时，首先要创建模板，这个模板代表了要搜索的目标，然后机器视觉应用程序会在采集到的每个图像中搜索模板，并计算每个匹配的分数。

模式匹配的应用如下。

1）定位：可以决定位置和方向。通过匹配一个已知的目标定位基准点，建立参考坐标系，从而完成其他的测试、测量，如尺寸、粒子分析、字符识别等。

2）测量：测量长度、直径、角度和其他关键尺寸。模板本身不具备测量功能，但是可以用于定位，使需要测量的参数更加准确。

3）检查：检测简单的缺陷。

首先创建模板，选择区域，如图 10－48 所示。

单击“Finish”，保存模板。模式匹配设置参数面板如图 10－49 所示。

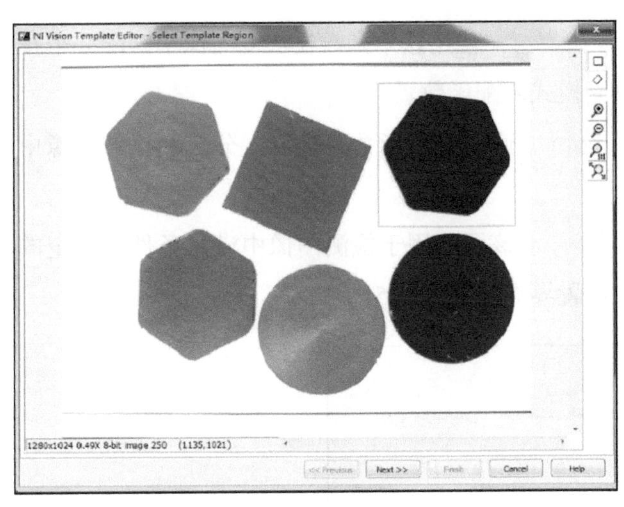

图 10－48　模式匹配模板学习

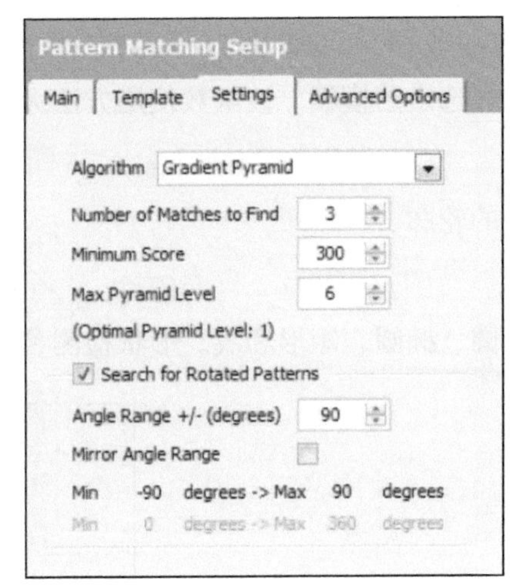

图 10－49　模式匹配设置参数面板

包括以下参数。

①“Number of Matches to Find”：匹配数量。

②“Minimum Score”：匹配的最小分数。

③“Angle Range”：角度范围。

设置好参数后，结果如图 10－50 所示，得到定位坐标、角度、分数。

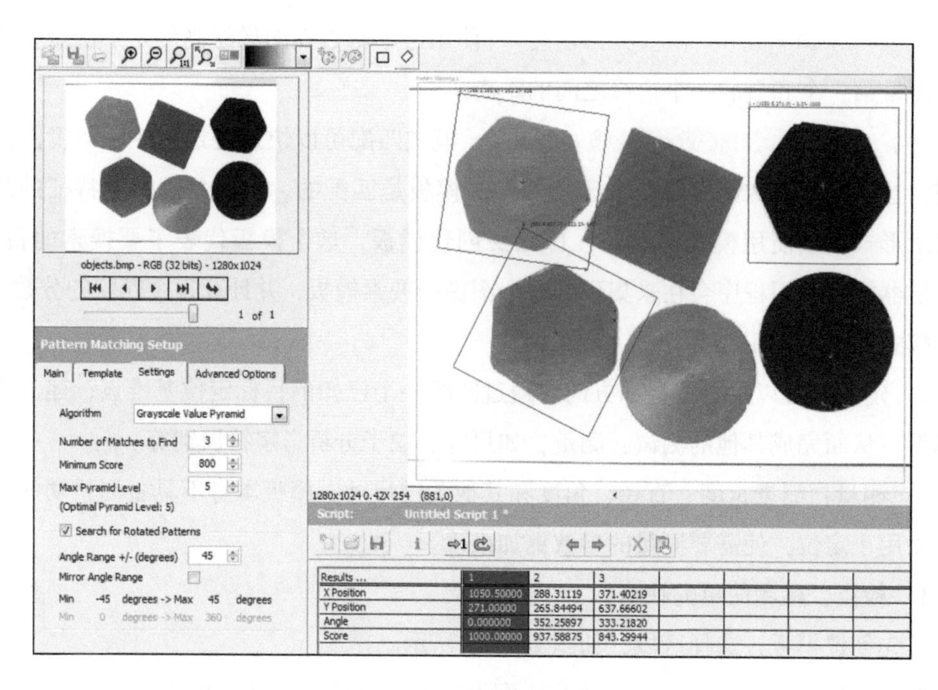

图10－50　模式匹配结果

（7）“Geometric Matching”（几何匹配）　使用这个函数在灰度图像中匹配一个预先选定的模板。该函数使用方法大致同模式匹配函数。

（8）“Contour Analysis”（轮廓分析）　使用这个函数来提取、分析和比较图像中的轮廓。

（9）“Shape Detection”（形状检测）　该函数用于检测图像中满足条件的指定的圆、椭圆、矩形和线。形状检测参数设置界面如图10－51所示。

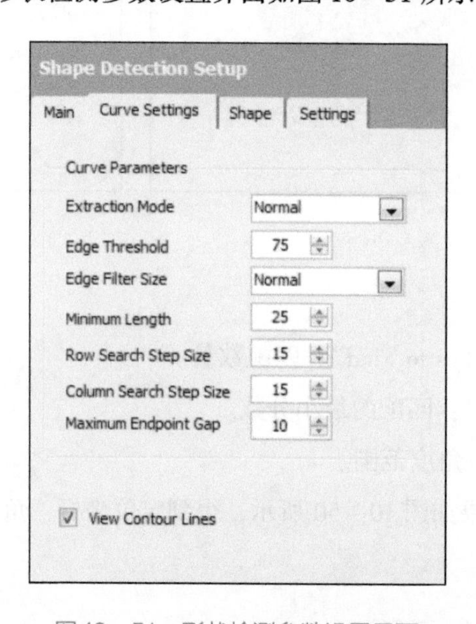

图10－51　形状检测参数设置界面

图 10－52 所示主要是设置要找的形状类型和该类型的相关信息，如最大半径最小半径、长度等。

图 10－53 所示主要设置形状检测的最小分数，设置旋转及范围。

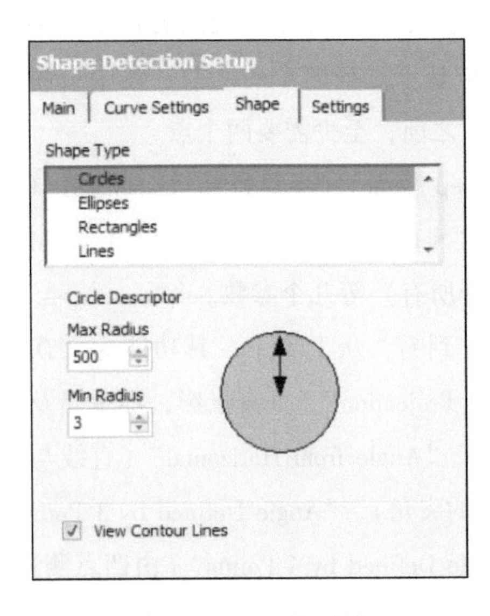

图 10－52　形状选择

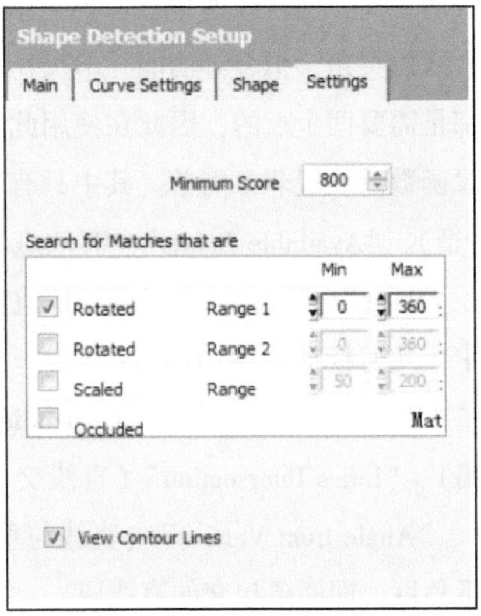

图 10－53　形状检测设置

设置好参数后，结果如图 10－54 所示。

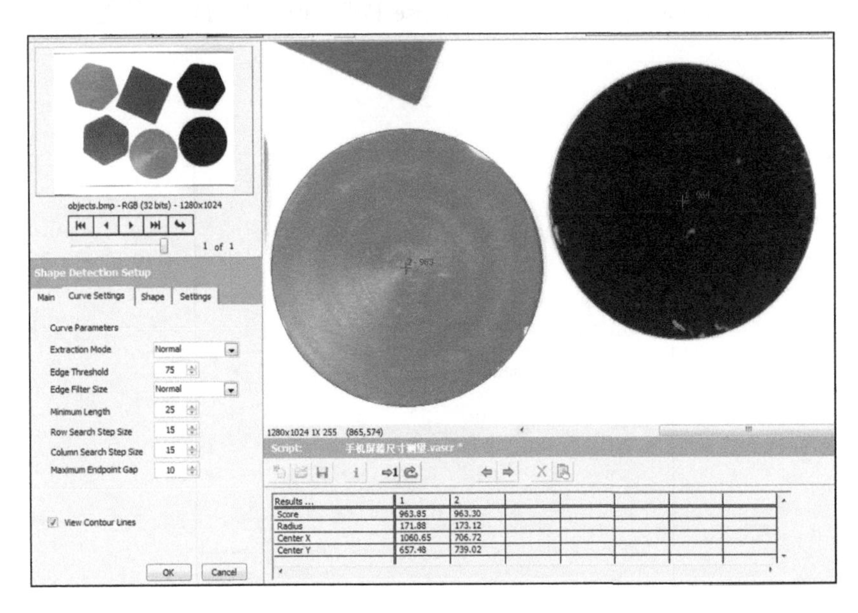

图 10－54　检测圆

（10）“Golden Template Comparison”（金板对比）　该函数用来比较检查图像与金板的像素强度。金板又叫作标准件，或者是极品模板，是指一幅图像包含了一个检查目标的理想表示内容。如果一个检查图像中的一个像素与金板对应的像素在一定公差内强度不匹配，则返回为缺陷。

（11）“Caliper”（卡尺） 函数可以完成诸如两点之间的距离，两点之间的中点，点到直线的距离，两直线的中线，两直线的交点，直线与水平线的夹角或与垂线的夹角，两直线的夹角，拟合等功能。卡尺函数是基于选择的点的函数，其中最简单的测量功能都是需要两个点的，因此在使用此函数之前，至少需要两个点。

卡尺函数的设置非常简单。其中只有“Step Name”（步骤名）、“Geometric Feature”（几何特征）、“Available Points”（有效点）、“Select”（需要选择多少点）、“Measure”（测量）、“Reset”（重置）、“Select All”（选择所有）等几个参数。

其中，几何特征如图 10－55 所示。从左到右，从上到下，其功能为“Distance”（距离）、“Mid Point”（中点）、“Perpendicular Projection”（垂直投影，即垂足及点到直线的距离）、“Lines Intersection”（直线交点）、“Angle from Horizontal”（直线与水平线的夹角）、“Angle from Vertical”（直线与垂线的夹角）、“Angle Defined by 3 Points”（由三点测量角度，即两条相交的直线段）、“Angle Defined by 4 Points”（由四点测量角度，即两条未相交的直线段）、“Bisecting Line”（角平分线，即两直线间的中线）、“Mid Line”（点与直线之间的中线）、“Center of Mass”（质心）、“Area”（面积）、“Line Fit”（拟合直线）、“Circle Fit”（拟合圆）、“Ellipse Fit”（拟合椭圆）等功能。

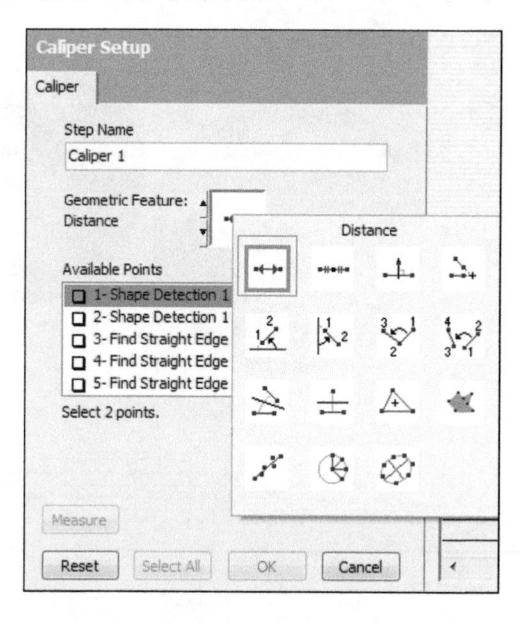

图 10－55 几何特征

现在通过找圆得到圆心位置（1 点），通过找直边可得到正方形的一条边（3、4

点)，这时，可以通过卡尺测量圆心到直线的距离，如图 10－56 所示。

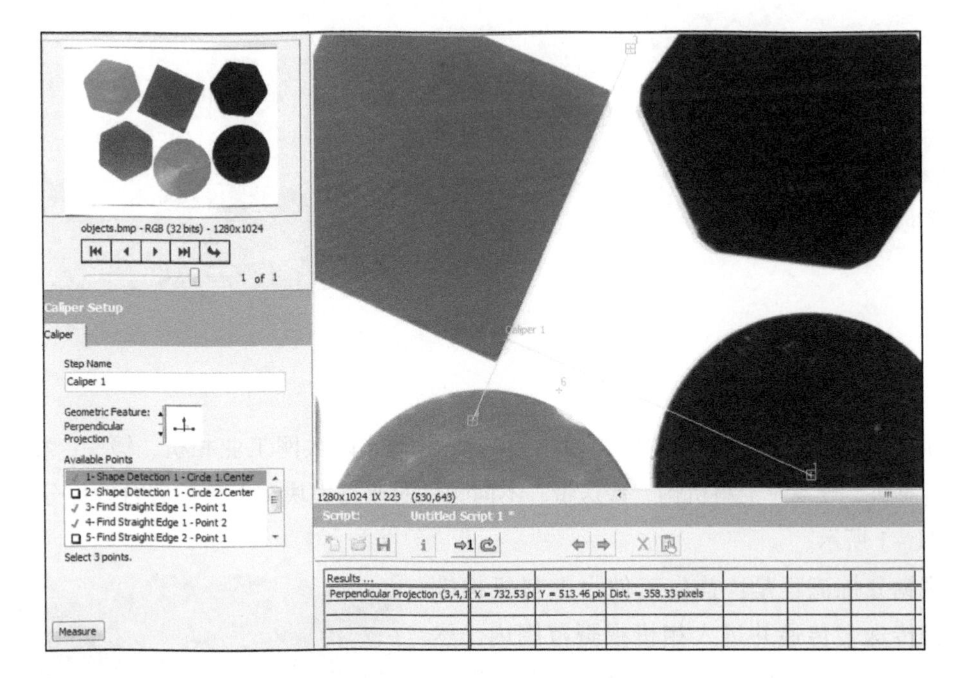

图 10－56　用卡尺测量圆心到直线的距离

10.6　识别功能面板认知

“Identification”(识别功能面板) 主要是阅读和验证印刷字符、零件分类，读取一维条码和读取二维码。

它包括 4 个函数，分别是“OCR/OCV”(字符识别/字符验证)、“Particle Classification”(零件分类)、“Barcode Reader”(读取一维条码)、“2D Barcode Reader”(读取二维码)，如图 10－57 所示。本章节不做过多介绍。

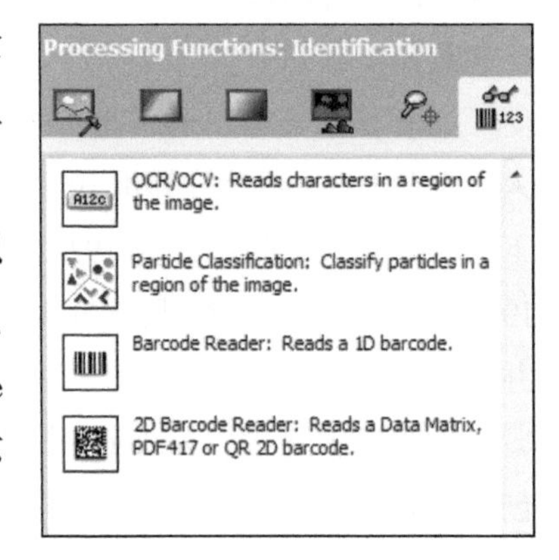

图 10－57　识别功能面板

第 11 章　视觉分拣

Chapter Eleven

机器人视觉分拣系统以 IRB120 为主体，并由千兆以太网工业相机、镜头、相机支架、计算机、气泵、上料机构、传送带、不同颜色的亚克力块和工件放置台等部分组成，如图 11 -1 所示。

视觉分拣流程是：首先工件由上料机构推出，经传送带传递并进入相机视野范围内，然后相机对工件进行图像采集及分析处理，识别出工件的颜色、个数等数据，然后将数据发送给机器人。当工件到达预定位置时，引导机器人抓取不同种特征的工件，根据颜色将工件放置在不同颜色的罐里。

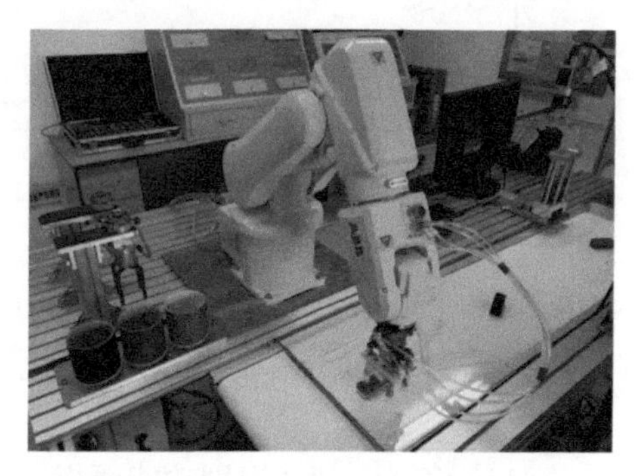

图 11 -1　机器人视觉分拣系统

具体步骤如下。

(1) 建立通信　通常把计算机作为服务端，机器人作为客户端。设置计算机 IP 和机器人 IP 在同一网段下。本例中，计算机 IP 为 192.168.10.6，机器人 IP 为 192.168.10.8。计算机中通过 TCP/IP 协议进行监听，并设置端口号为 1050，如图 11 -2 所示。

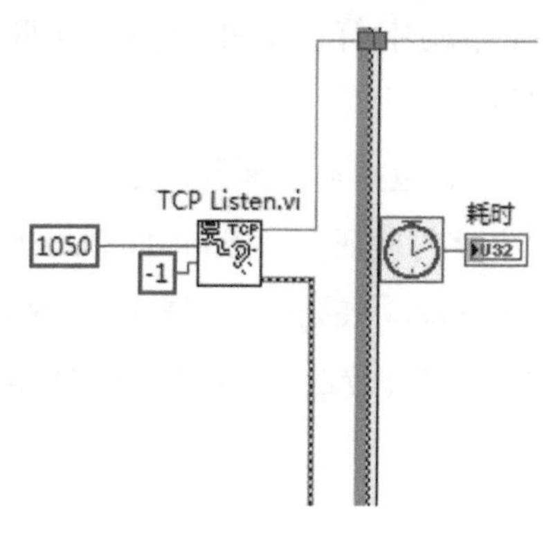

图 11 -2　服务端

机器人中通过 “socket” 等指令进行连接。首先创建套接字 “socket1”，然后通过 “SocketConnect” 连接到 IP 地址为 192.168.10.6 的计算机，且端口号为 1050。客户端代码如图 11 -3 所示。

```
SocketClose   socket1;
SocketCreate   socket1;
SocketConnect   socket1,  "192.168.10.6",  1050;
```

图 11 -3　客户端代码

(2) 图像采集与处理 通过“Vision Acquisition”进行图像采集。因为摄像头要持续采集传送带的工件状态，所以设置为连续采集模式。图像采集与处理程序框图如图 11－4 所示。

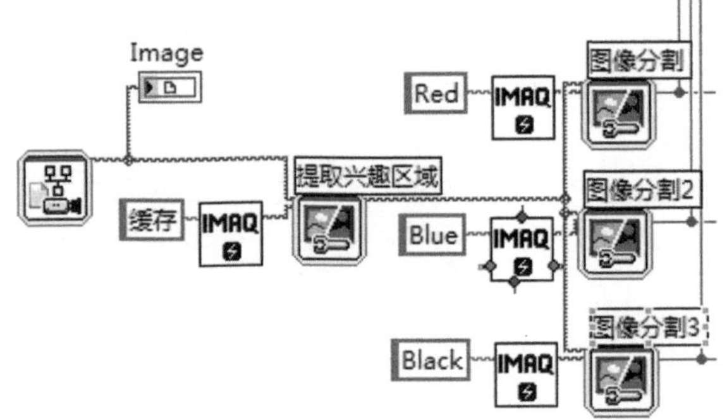

图 11－4 图像采集与处理程序框图

提取兴趣区域时，首先进行相机标定，使像素值转换为真实物理值；然后进行图像掩模，通过“ROI”工具画出选框，提取兴趣区域，如图 11－5 所示。

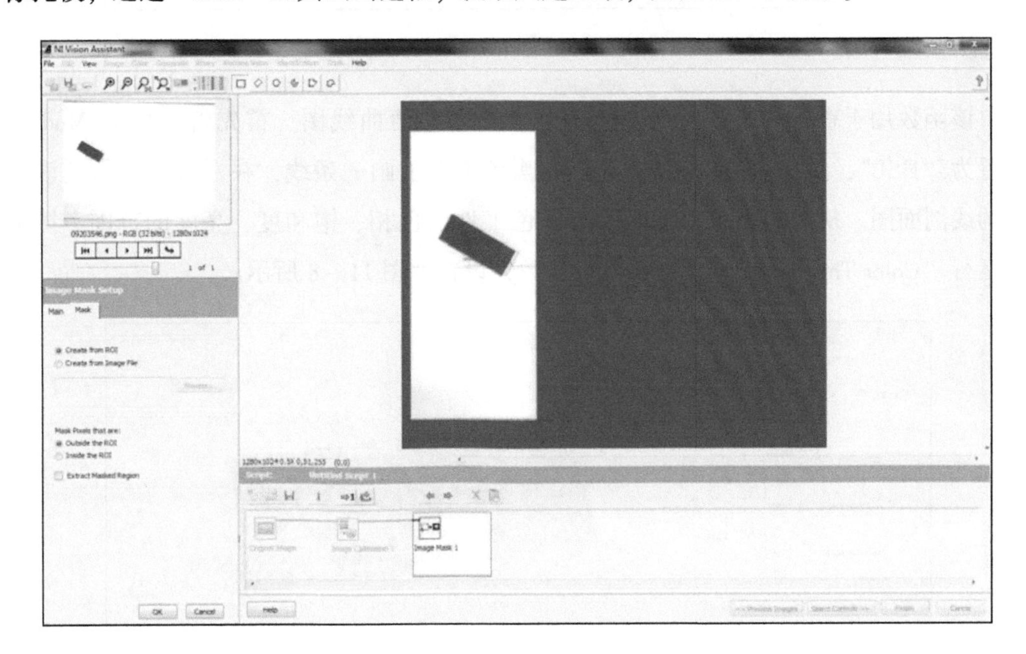

图 11－5 图像掩模

提取兴趣区域完成后，进行图像分割。图像分割的作用是将颜色分辨出来。此处以识别黑色工件为例，其他颜色设置方法与此相同。图像分割如图 11－6 所示。

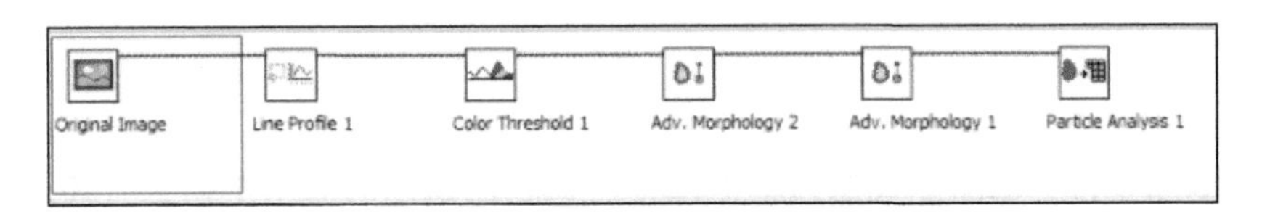

图 11－6 图像分割

图像分割由“Line Profile”“Color Threshold”“Adv. Morphology”“Particle Analysis”几部分组成。“Line Profile”设置如图 11－7 所示。

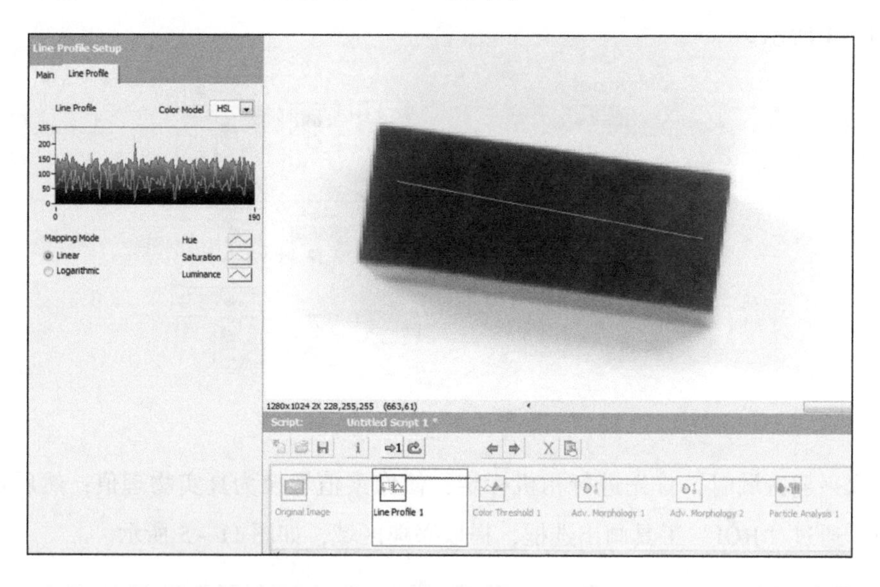

图 11－7 “Line Profile” 设置

该函数用于查看一条线上的灰度值或“RGB”值曲线图。首先将“Color Model”设置为“HSL”，然后通过“ROI”工具在黑色工件上画一条线，在左边可以看到该曲线的线剖面图。从线剖面图中可以读出黑色工件的色相、饱和度、亮度的范围。接下来运行“Color Threshold”（颜色阈值）函数，设置如图 11－8 所示。

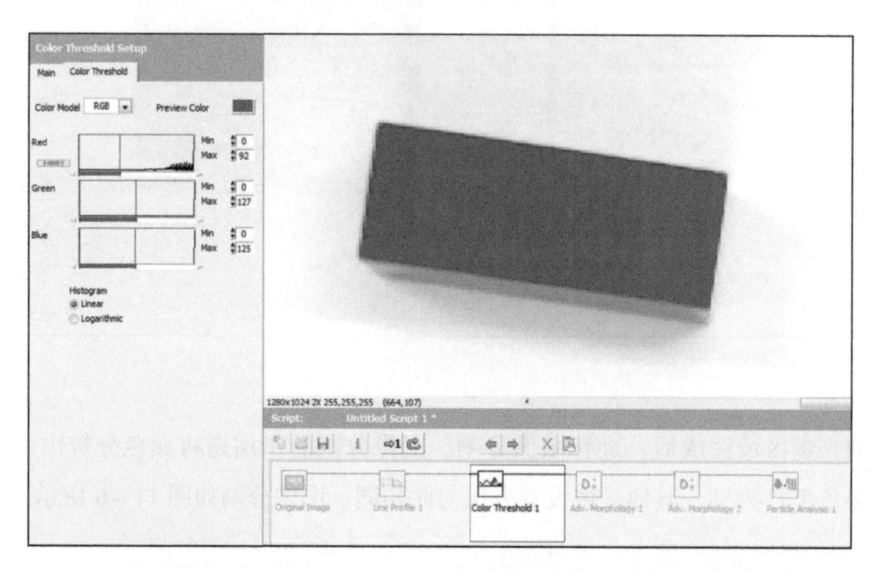

图 11－8 颜色阈值设置

该函数用于将彩色图像转换为二值图像。在彩色图像的三个平面上（RGB、HSL、

HSV）应用阈值并且将结果放置到一幅 8bit 的图像中。这里“Color Model”选择“HSL”模式，并将“Line Profile”中记录的色相、饱和度、亮度的范围写到下列相应的位置。设置好后，可以看到黑色工件的表面呈现红色，即完成工件颜色的比对。接下来运行两次“Adv. Morphology”（高级形态学）函数，设置如图 11－9 和图 11－10 所示。

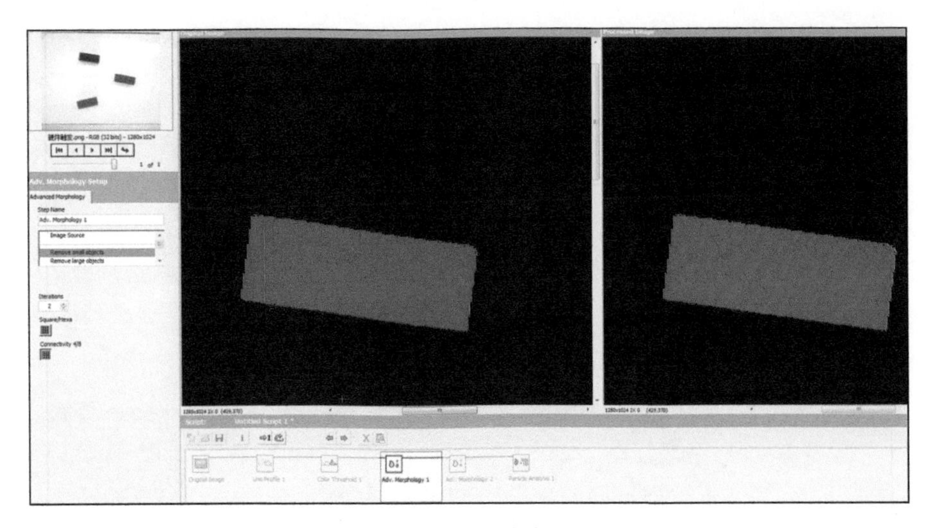

图 11－9　高级形态学 1 设置

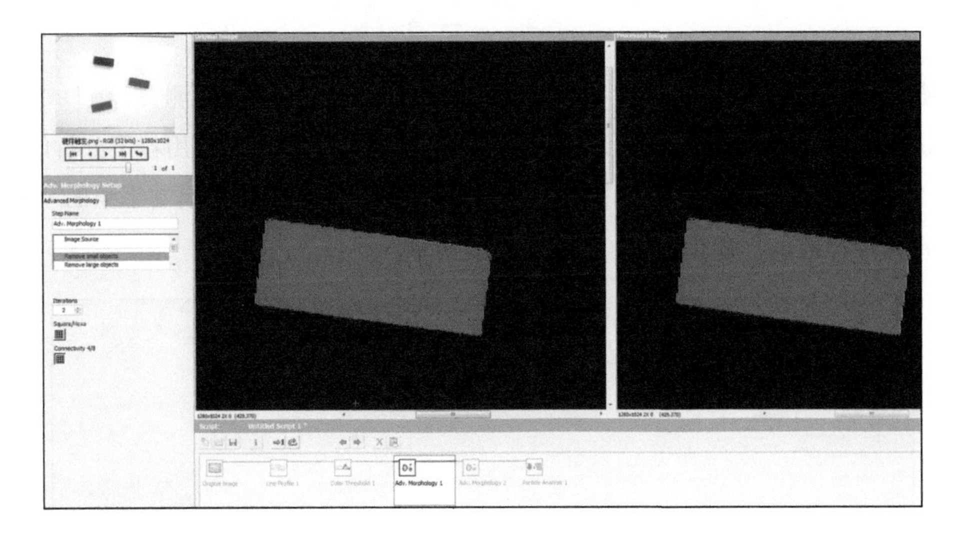

图 11－10　高级形态学 2 设置

两步高级形态学设置分别进行的是“Remove small objects”（删除小目标）和“Fill holes”（填充孔洞），作用是将目标物提取的更为理想。

删除小目标函数的作用是将图像中小目标删除掉，使图像更简洁。小目标是通过腐蚀次数“Iterations”来定义的，定义的腐蚀次数越多，则过滤删除的小目标面积也就越大。“Iterations”控制的是使用 3×3 的掩模进行腐蚀的次数。从图 11－10 中可以看出，传送带上产生干扰的小目标已经被去除。

填充孔洞函数的作用是当粒子内部有孔洞时进行填充。

高级形态学设置完毕后，运行“Particle Analysis”（粒子分析）函数，设置如图 11－11 所示。

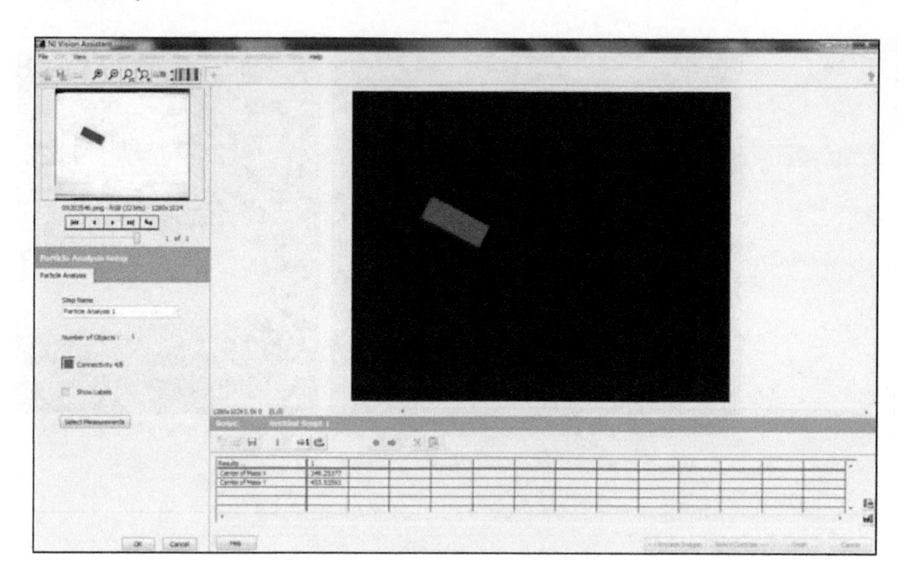

图 11－11　粒子分析设置

使用粒子分析函数可以对图像中的粒子个数进行检测，通过“Select Measurements”（选择测量）按钮还可以选择想要的数据信息。此处用粒子分析的目的是将“Number of Objects”（目标数量）的结果输出。设置好后，单击右下角的“Select Controls”进行输入、输出设置，如图 11－12 所示。

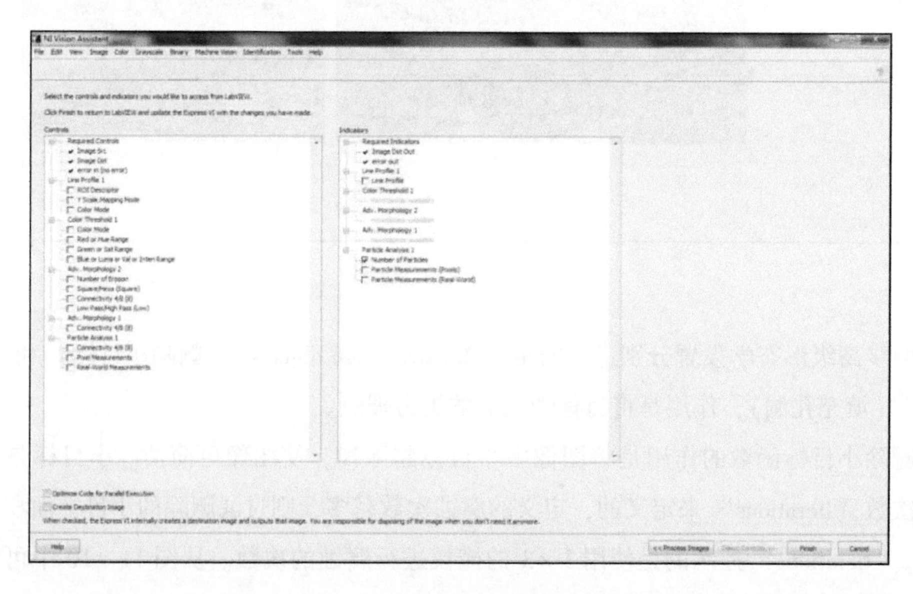

图 11－12　输入、输出设置

勾选“Particle Analysis 1”中的“Number of Particles”，单击“Finish”完成设置。

（3）发送数据至机器人　完成图像分割后，将粒子个数和“1”进行比较，如果相等，则表明此刻有黑色工件通过摄像头的视野范围，则通过写入 TCP 数据函数发送“Black”字符串给机器人，如图 11－13 所示。

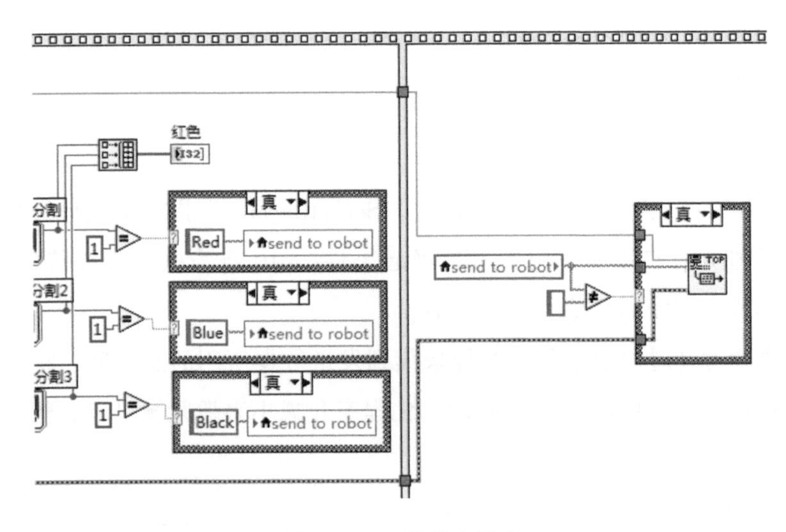

图 11－13　发送字符串

（4）机器人接收数据并执行相应的动作　机器人接收到字符串数据，并根据字符串中的内容，将工件放置到相同颜色的色筒里。该部分程序代码如下：

```
SocketReceive socket1 \Str：=Restring\Time：=WAIT_MAX；
    IF Restring = "Red" THEN
  MoveJ p10, v300, z15, tool1；
      rPick；
      MoveJ pRed, v300, fine, tool1；
      Reset DO4；
      Waittime 0.5；
      MoveJ p10, v300, fine, tool1；
      Restring ：= "" ；
      WaitTime 1；
  ELSEIF Restring = "Blue" THEN
      MoveJ p10, v500, z15, tool1；
      rPick；
      MoveJ pBlue, v300, fine, tool1；
      Reset DO4；
      Waittime 0.5；
      MoveJ p10, v300, fine, tool1；
      Restring ：= "" ；
```

```
        WaitTime 1;
    ELSEIF Restring = "Black" THEN
        MoveJ p10, v300, z15, tool1;
        rPick;
        MoveJ pBlack, v300, fine, tool1;
        Reset DO4;
        Waittime 0.5;
        MoveJ p10, v300, fine, tool1;
        Restring := "";
        WaitTime 1;
    END IF
```

其中“Restring”为字符串变量，通过“SocketReceive”指令接收计算机发送来的数据；DO4 信号为真空吸盘，用于工具吸起工件；p10 点为机器人等待位置，pRed、pBlue、pBlack 分别为相应颜色圆筒的位置。

在服务端通过计时器记录了从图像采集到发送数据所用的总时间，程序前面板如图 11－14 所示。总时间为 241ms，通过优化程序和减小兴趣区域可以大幅度减少所需时间。

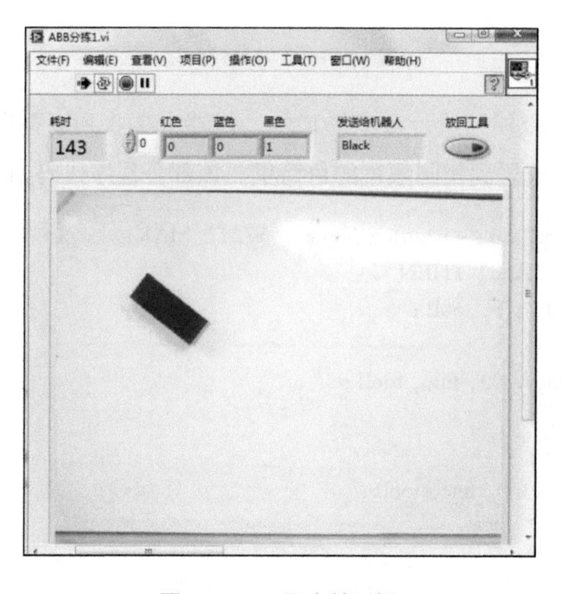

图 11－14　程序前面板

第12章　基于OpenCV的视觉分拣

Chapter Twelve

在前一章中，我们在LabVIEW平台上通过NI Vision视觉包进行了视觉分拣。本章将在VS（Visual Studio）平台上通过OpenCV视觉库完成同样的任务。在开发前，需要安装Microsoft Visual Studio 2010、OpenCV、Balser提供的Pylon SDK开发包等软件，最后通过网络调试助手进行通信测试。

基于OpenCV的视觉分拣项目由四个部分构成：①环境配置；②在VS平台上用SDK相机开发包调用Balser相机（完成图像采集）；③用OpenCV视觉库进行图像处理；④将计算机作为服务端，用TCP/IP协议完成和机器人的通信。下面分别进行介绍。

12.1　软件安装与环境配置

使用Microsoft Visual Studio 2010作为开发平台，通过Basler提供的pylon SDK工具包进行图像的采集，采集后的图像通过OpenCV进行处理。因此，需要安装以上3个软件并进行参数配置。

1. 软件安装

(1) 安装Microsoft Visual Studio 2010

1）首先，解压ISO镜像文件，接着双击“autorun. exe”开始安装，如图12－1所示。

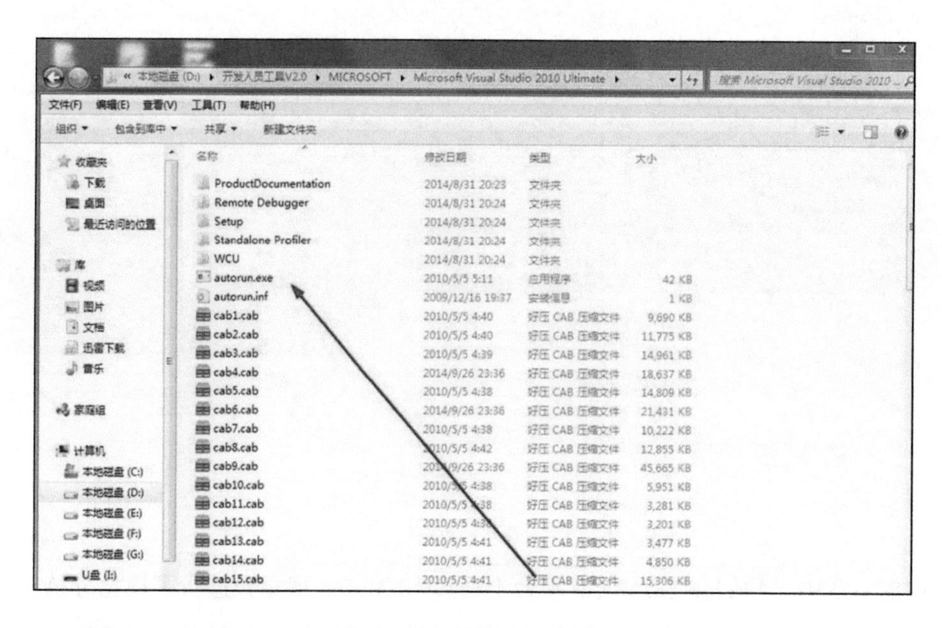

图12-1 安装VS（1）

2）单击“安装 Microsoft Visual Studio 2010”，如图12-2所示。

图12-2 安装VS（2）

3）单击“下一步”，如图12-3所示。

图 12-3　安装 VS（3）

4）选中“我已阅读并接受许可条款”，再单击“下一步”，如图 12-4 所示。

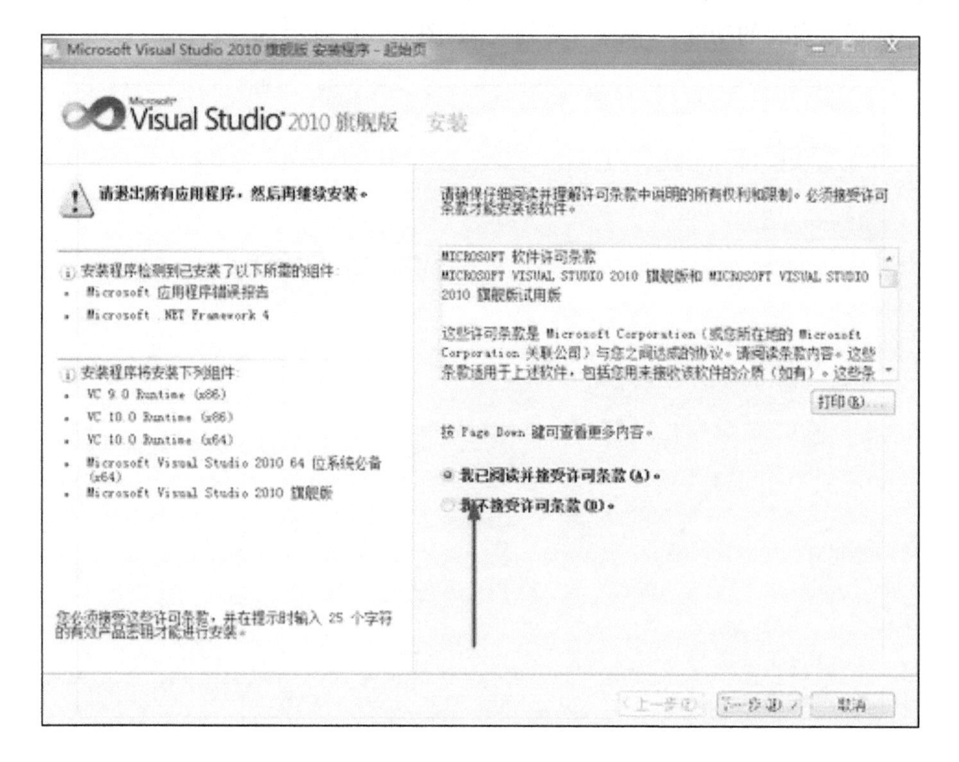

图 12-4　安装 VS（4）

5）选中“自定义”并选择安装目录，如图 12－5 所示。

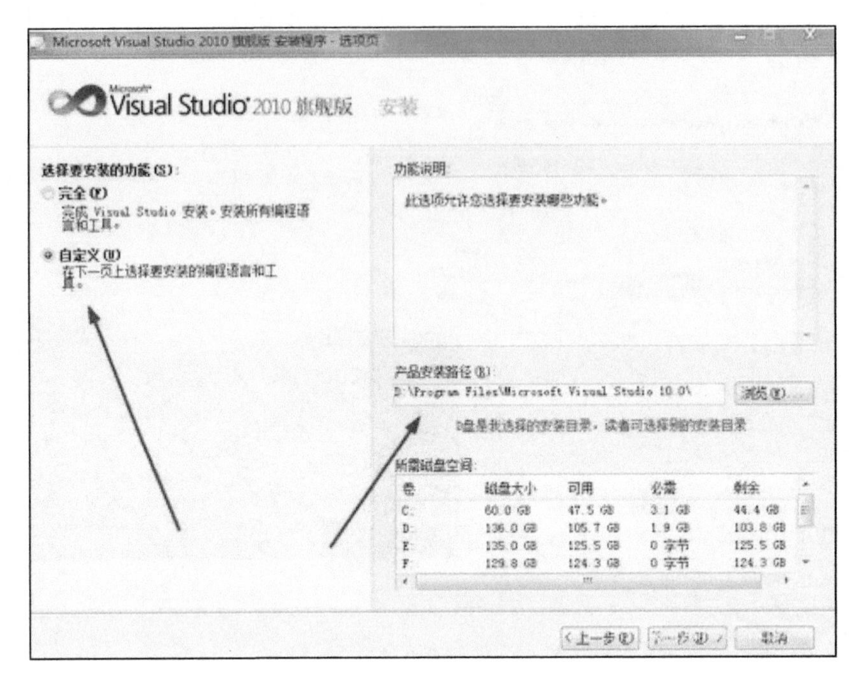

图 12－5　安装 VS（5）

6）选择要安装的功能，单击“安装”，如图 12－6 所示。

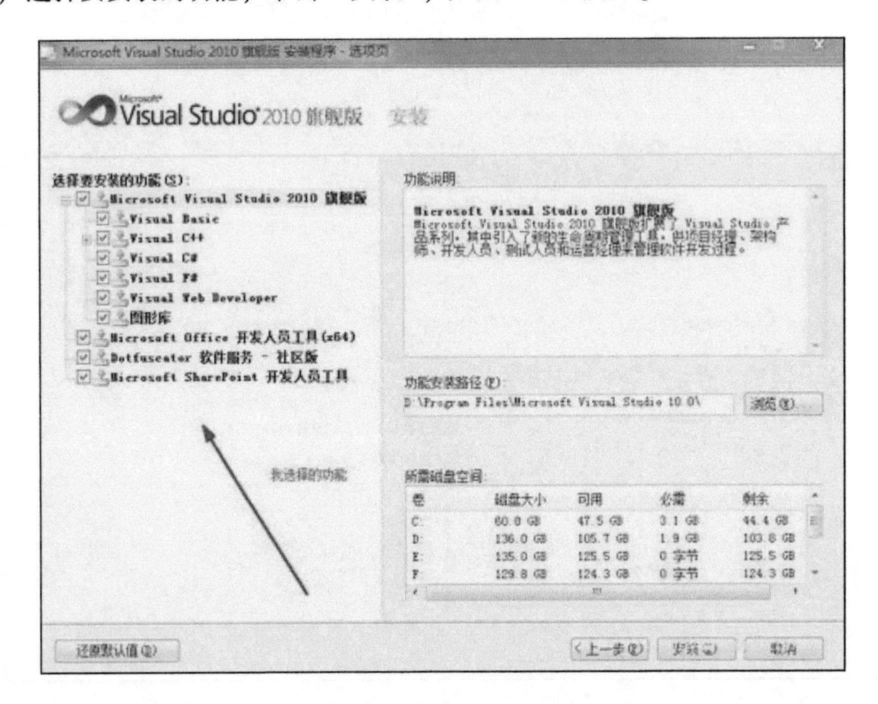

图 12－6　安装 VS（6）

7）程序开始安装，如图 12 - 7 所示。注意：在安装程序时，可能会重启系统。

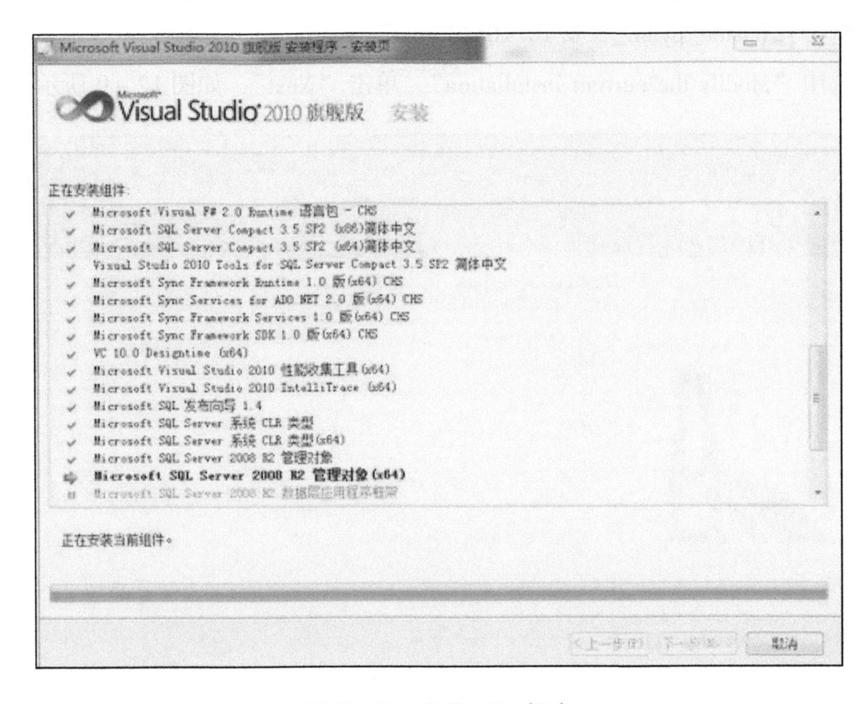

图 12 - 7　安装 VS （7）

8）安装成功，如图 12 - 8 所示。

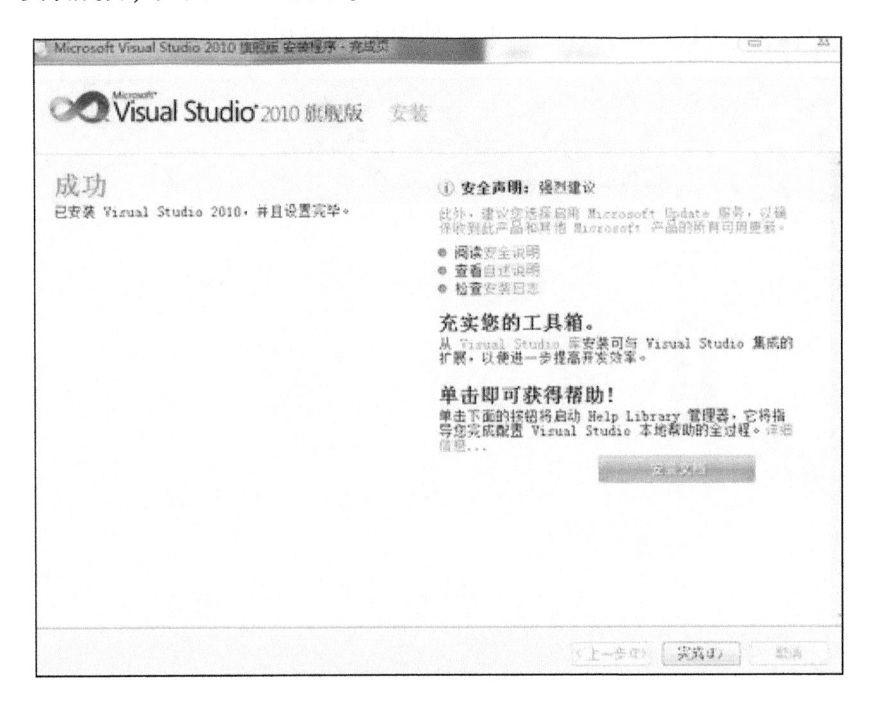

图 12 - 8　安装 VS （8）

(2) 安装 Basler_pylon_5. 0. 10. 10613

1）双击“Basler_ pylon_5. 0. 10. 10613. exe”。

2）选中“Modify the current installation”，单击“Next”，如图 12－9 所示。

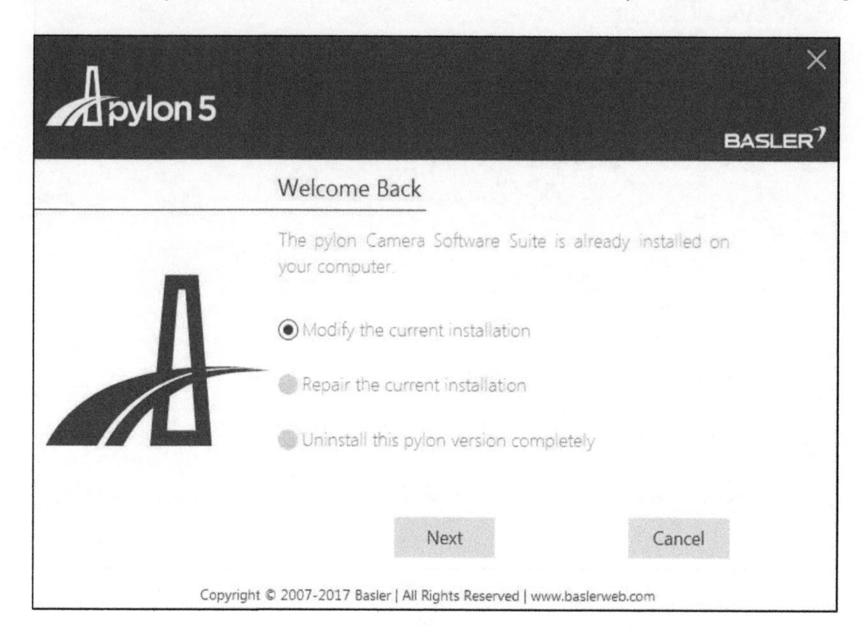

图 12－9　安装 Balser 驱动（1）

3）选择“Developer”，单击“Next”，如图 12－10 所示。

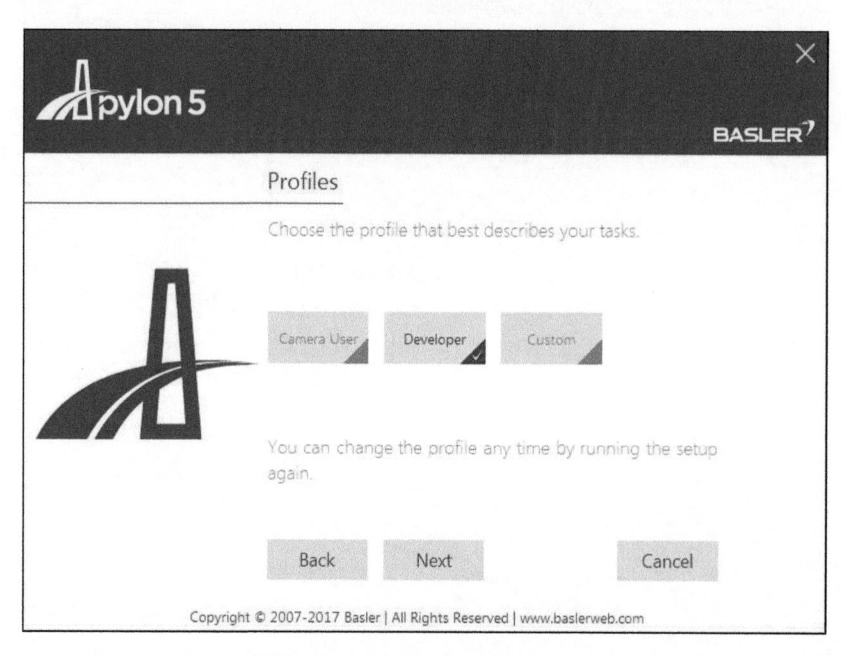

图 12－10　安装 Balser 驱动（2）

4）选择“GigE”，单击“Next”，如图 12－11 所示。

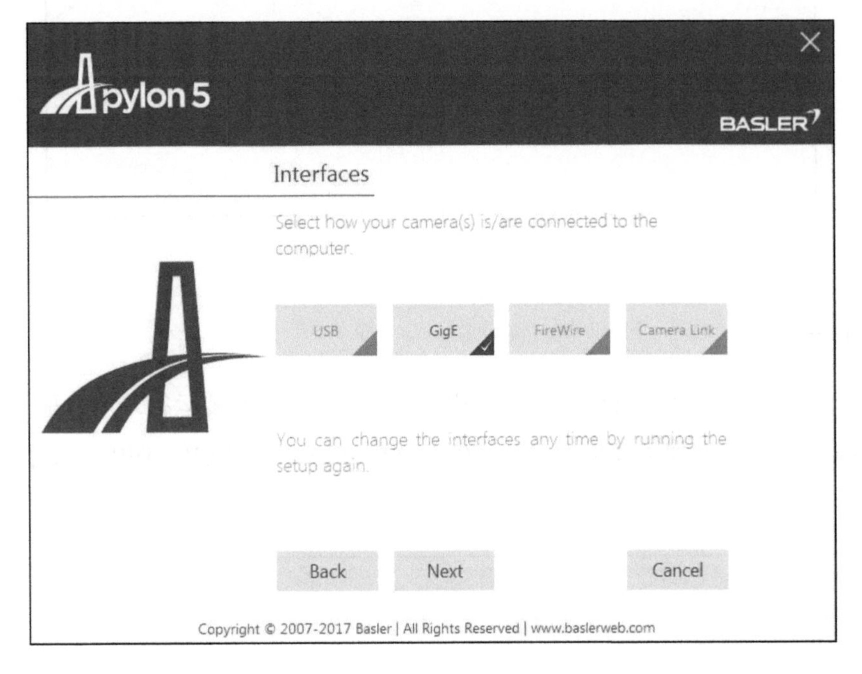

图 12－11　安装 Balser 驱动（3）

5）单击“Install”，进行安装。

6）安装完成后，打开文件夹，如图 12－12 所示。其中，SDK 在“Development”文件夹下。

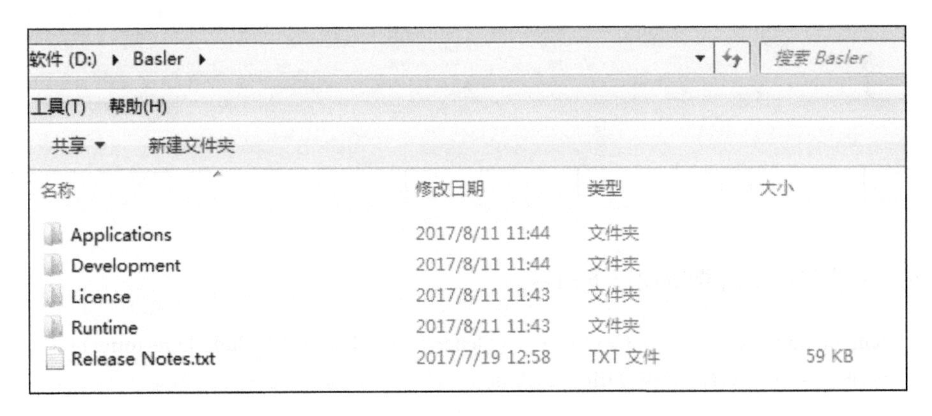

图 12－12　安装 Balser 驱动（4）

（3）安装 OpenCV

1）双击“OpenCV-2. 4. 9. exe”。

2）选择解压路径后，单击“Extract”，如图 12－13 所示。

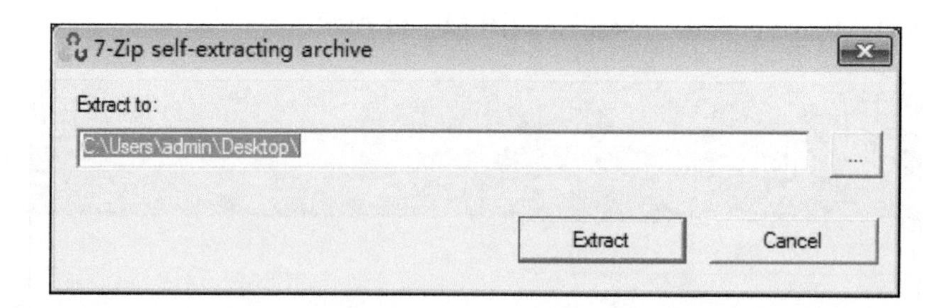

图 12 -13　安装 OpenCV

2. 环境配置

（1）Pylon 配置　当选择 C + + 为开发环境时，正确安装运行环境、驱动和 SDK 后，Pylon 程序已经增加了环境变量：“PYLON5：PYLON_ DEV_ DIR”，如图 12 - 14 所示。

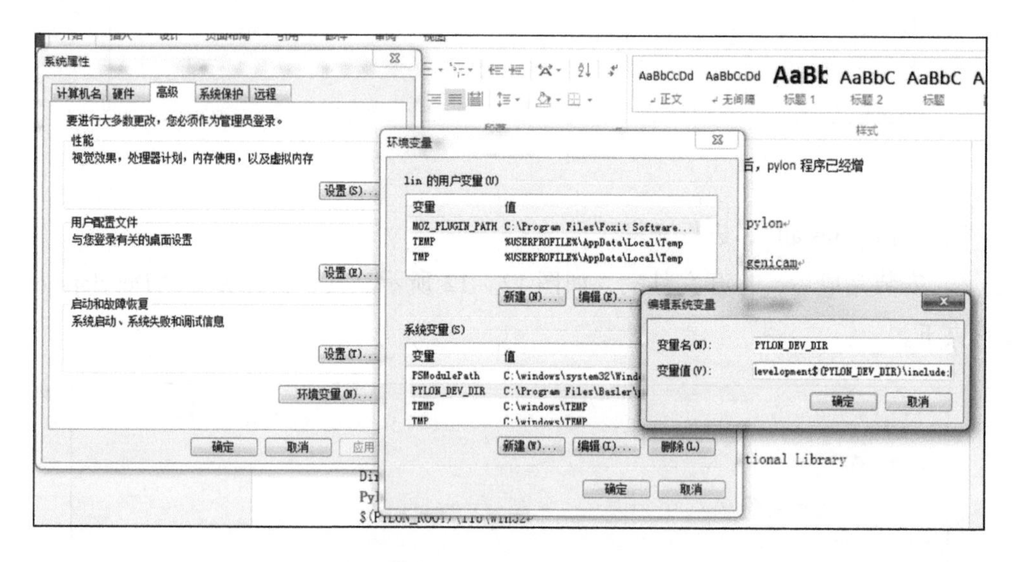

图 12 -14　Pylon 配置

在 VS 的配置中需要增加以下内容。

1) Configuration Properties → C/C + + → General → Additional Include Directories)：
   Pylon5：$ (PYLON_DEV_DIR) \include
2) Configuration Properties → Linker → General → Additional Library Directories
   Pylon5：$ (PYLON_DEV_DIR) \lib \Win32；
   Configuration Properties → C/C + + → Language → Enable Runtime Type Info
   Yes
   Configuration Properties → C/C + + → Code Generation → Enable C + + Exceptions
   Yes

（2）OpenCV 配置

1）配置环境变量。单击“计算机”→（鼠标右键）“属性”→“高级系统设置”→“高级”（标签）→“环境变量”→（双击）“path”（用户，系统里面的 path 任选其一）→在变量值里面添加相应的路径。

对于 32 位系统，只添加：“…… opencv \ build \ x86 \ vc10 \ bin”；而对于 64 位系统，添加：“…… opencv \ build \ x86 \ vc10 \ bin” 和 “…… opencv \ build \ x64 \ vc10 \ bin”。

2）工程包含（include）目录的配置。单击“视图”→“属性管理器”，如图 12 – 15 所示。

在新出现的“属性管理器”工作区中，单击项目→Debug | Win32→Microsoft. Cpp. Win32. userDirectories（鼠标右键属性，或者双击）即可打开属性页面，如图 12 – 16 所示。

图 12 – 15　OpenCV 配置（1）

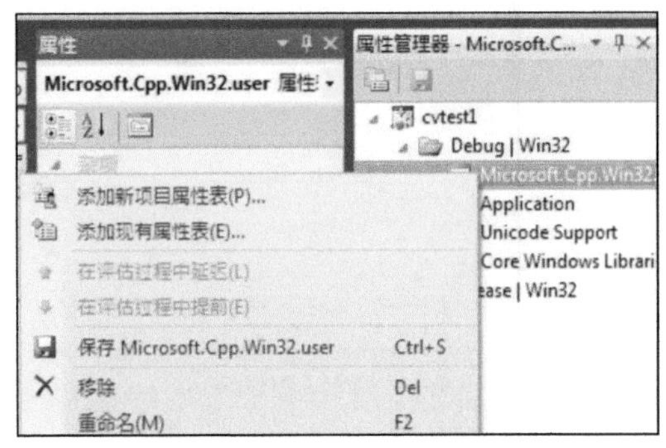

图 12 – 16　OpenCV 配置（2）

单击“通用属性”→“VC + + 目录”→“包含目录中”，如图 12 – 17 所示。

图 12 –17　OpenCV 配置 （3）

添加上："D:\Program Files\opencv\build\include""D:\Program Files\opencv\build\include\opencv""D:\Program Files\opencv\build\include\opencv2"这三个目录，如图 12 –18所示。

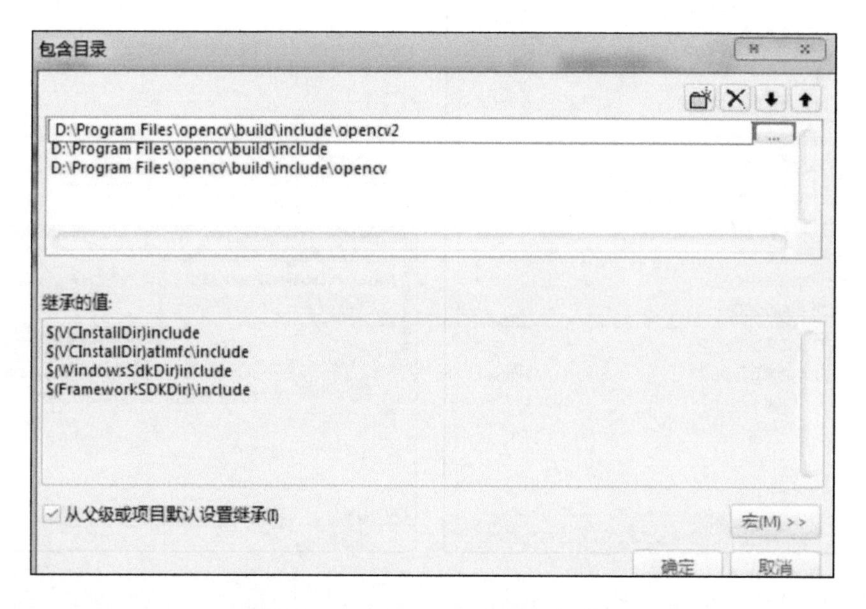

图 12 –18　OpenCV 配置 （4）

3）工程库（lib）目录的配置。单击"通用属性"→"VC + + 目录"→"库目录"，如图 12 – 19 所示，添加上"D:\Program Files\opencv\build\x86\vc10\lib"这个路径。

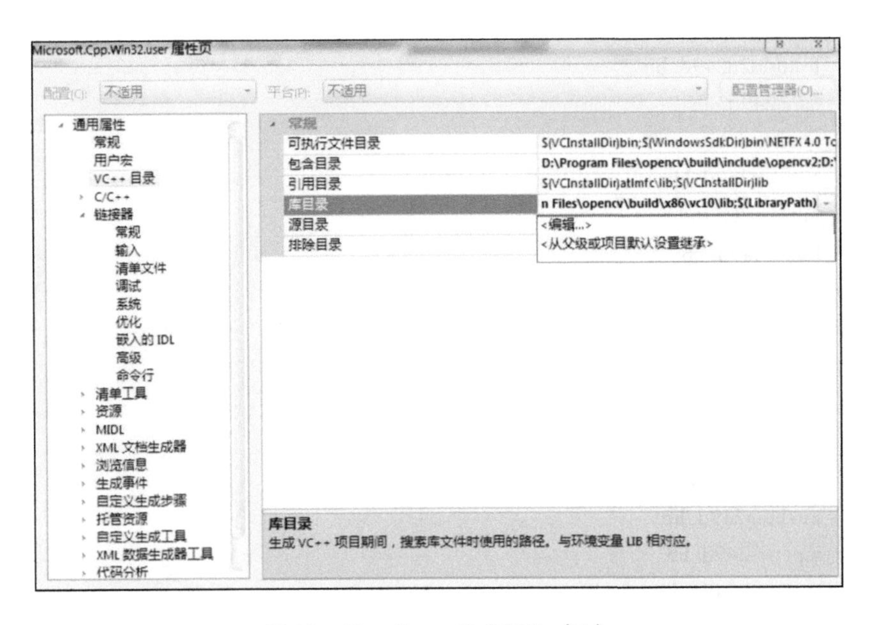

图 12－19　OpenCV 配置（5）

4）链接库的配置。单击“通用属性”→“链接器”→“输入”→“附加的依赖项”，如图 12－20 所示。

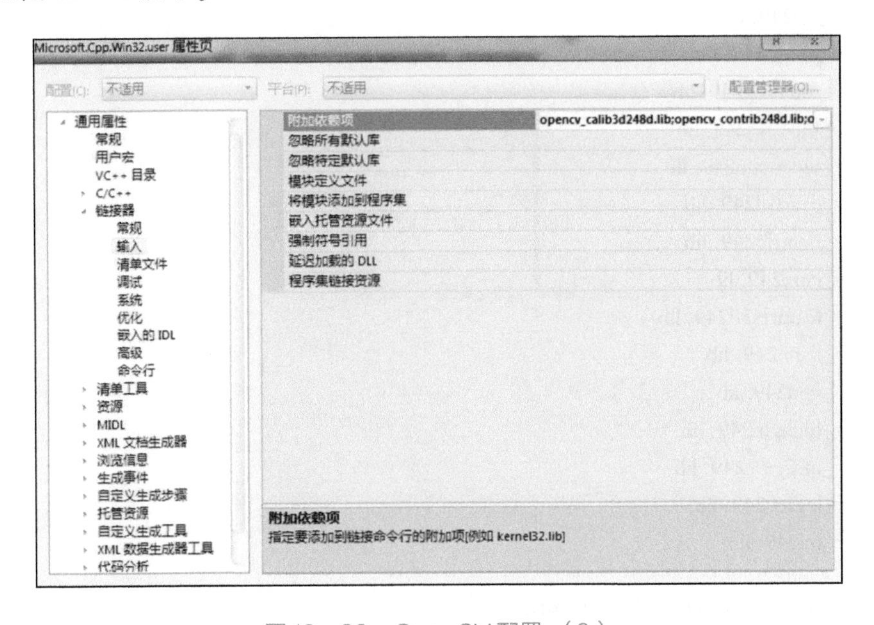

图 12－20　OpenCV 配置（6）

添加如下内容。

```
opencv_ml249d.lib
opencv_calib3d249d.lib
opencv_contrib249d.lib
opencv_core249d.lib
```

opencv_features2d249d. lib
opencv_flann249d. lib
opencv_gpu249d. lib
opencv_highgui249d. lib
opencv_imgproc249d. lib
opencv_legacy249d. lib
opencv_objdetect249d. lib
opencv_ts249d. lib
opencv_video249d. lib
opencv_nonfree249d. lib
opencv_ocl249d. lib
opencv_photo249d. lib
opencv_stitching249d. lib
opencv_superres249d. lib
opencv_videostab249d. lib
opencv_objdetect249. lib
opencv_ts249. lib
opencv_video249. lib
opencv_nonfree249. lib
opencv_ocl249. lib
opencv_photo249. lib
opencv_stitching249. lib
opencv_superres249. lib
opencv_videostab249. lib
opencv_calib3d249. lib
opencv_contrib249. lib
opencv_core249. lib
opencv_features2d249. lib
opencv_flann249. lib
opencv_gpu249. lib
opencv_highgui249. lib
opencv_imgproc249. lib
opencv_legacy249. lib
opencv_ml249. lib

重新启动系统之后，即可完成配置。

12.2 利用 SDK 工具包完成图像采集

```
//定义是否保存图片
# define saveImages 1
```

```
//定义是否记录视频
#define recordVideo 1
// 加载 OpenCV API
#include<opencv2/core/core.hpp>
#include<opencv2/highgui/highgui.hpp>
#include<opencv2/video/video.hpp>
//加载 PYLON API
#include<pylon/PylonIncludes.h>
#include<iostream>
#ifdef PYLON_WIN_BUILD
#include<pylon/PylonGUI.h>
#endif
//命名空间
usingnamespace Pylon;
usingnamespace cv;
usingnamespace std;
//定义抓取的图像数
staticconst uint32_t c_countOfImagesToGrab = 10;

void main()
{
//Pylon 自动初始化和终止
    Pylon::PylonAutoInitTerm autoInitTerm;
try
    {
//创建相机对象
        CInstantCamera camera(CTlFactory::GetInstance().CreateFirstDevice());
// 打印相机的名称
        std::cout << "Using device " << camera.GetDeviceInfo().GetModelName() << endl;
//获取相机节点映射以获得相机参数
        GenApi::INodeMap& nodemap = camera.GetNodeMap();
//打开相机
        camera.Open();
//获取相机成像宽度和高度
        GenApi::CIntegerPtr width = nodemap.GetNode("Width");
        GenApi::CIntegerPtr height = nodemap.GetNode("Height");
//设置相机最大缓冲区,默认为5
        camera.MaxNumBuffer = 5;
// 新建 pylon ImageFormatConverter 对象
        CImageFormatConverter formatConverter;
//确定输出像素格式
        formatConverter.OutputPixelFormat = PixelType_BGR8packed;
// 创建一个 PylonImage,后续将用来创建 OpenCVImage
```

```
        CPylonImage pylonImage;
    //声明一个整型变量,用来计数抓取的图像,以及创建文件名索引
    int grabbedImages = 0;
    // 新建一个 OpenCV video creator 对象
        VideoWriter CVVideoCreator;
    //新建一个 OpenCVImage 对象
        Mat openCVImage;
    // 视频文件名
        std::string videoFileName = "openCVVideo.avi";
    // 定义视频帧大小
        CV::Size frameSize = Size((int)width→GetValue(), (int)height→GetValue());
    //设置视频编码类型和帧率
         CVVideoCreator.open(videoFileName, CV_FOURCC('D', 'I', 'V', 'X'), 10,
frameSize, true);

    // 开始抓取 c_countOfImagesToGrab images
    //相机默认设置连续抓取模式
        camera.StartGrabbing(c_countOfImagesToGrab, GrabStrategy_LatestImageOnly);
    //抓取结果数据指针
        CGrabResultPtr ptrGrabResult;
    // 当 c_countOfImagesToGrab images 获取恢复成功时,Camera.StopGrabbing()
    //被 RetrieveResult()方法自动调用停止抓取
    while (camera.IsGrabbing())
        {
    // 等待接收和恢复图像,超时时间设置为 5000 ms
            camera.RetrieveResult(5000, ptrGrabResult, TimeoutHandling_ThrowException);
    //如果图像抓取成功
    if (ptrGrabResult→GrabSucceeded())
            {
    // 获取图像数据
                cout << "SizeX: " << ptrGrabResult→GetWidth() << endl;
                cout << "SizeY: " << ptrGrabResult→GetHeight() << endl;
    //将抓取的缓冲数据转化成 pylonImage
                formatConverter.Convert(pylonImage, ptrGrabResult);
    // 将 pylonImage 转成 OpenCVImage
                 openCVImage = cv::Mat(ptrGrabResult→GetHeight(), ptrGrabResult→
GetWidth(), CV_8UC3, (uint8_t *) pylonImage.GetBuffer());
    //如果需要保存图片
    if (saveImages)
                {
                  std::ostringstream s;
    // 按索引定义文件名存储图片
                  s << "image_" << grabbedImages << ".jpg";
```

```
                    std::string imageName(s.str());
//保存 OpenCVImage
                    imwrite(imageName, openCVImage);
                    grabbedlmages + +;
                  }
//如果需要记录视频
if (recordVideo)
                  {
                    CVVideoCreator.write(openCvImage);
                  }
//新建 OpenCV Display Window
                  namedWindow("OpenCV Display Window", CV_WINDOW_NORMAL);
                  //显示及时影像.
                  imshow("OpenCV Display Window", openCVImage);
                  waitKey(0);
               }
            }
         }
catch (GenICam::GenericException &e)
         {
// Error handling.
            cerr 《"An exception occurred. "《 endl
《 e.GetDescription() 《 endl;
         }
return;
}
```


其中，具体函数的使用可参考 Balser 提供的使用指南，可以在 Balser 的安装目录下找到 SDK 开发目录，如图 12 – 21 所示。

软件 (D:) ▸ Basler ▸ Development ▸ Doc　　搜索 Doc

工具(T)　帮助(H)

新建文件夹

名称	修改日期	类型	大小
pylon Deployment Guide.pdf	2017/5/10 10:29	WPS PDF 文档	400 KB
PylonCppSDK.chm	2017/7/19 13:53	编译的 HTML 帮...	8,123 KB
PylonCppSDK.chw	2017/8/11 15:55	CHW 文件	2,895 KB
PylonCSDK.chm	2017/7/19 13:53	编译的 HTML 帮...	657 KB
PylonDotNetSDK.chm	2017/7/19 13:54	编译的 HTML 帮...	860 KB
PylonNET.chm	2017/7/19 13:52	编译的 HTML 帮...	5,322 KB

图 12 – 21　SDK 开发目录

参考的 SDK 案例也可以在 Balser 的安装目录下找到，如图 12 – 22 所示。

软件 (D:) ▸ Basler ▸ Development ▸ Samples ▸ C++ ▸   搜索 C++

工具(T) 帮助(H)

共享 ▾ 新建文件夹

名称	修改日期	类型	大小
DeviceRemovalHandling	2017/8/11 11:44	文件夹	
Grab	2017/8/11 11:44	文件夹	
Grab_CameraEvents	2017/8/11 11:44	文件夹	
Grab_ChunkImage	2017/8/11 11:44	文件夹	
Grab_MultiCast	2017/8/11 11:44	文件夹	
Grab_MultipleCameras	2017/8/11 11:44	文件夹	
Grab_Strategies	2017/8/11 11:44	文件夹	
Grab_UsingActionCommand	2017/8/11 11:44	文件夹	
Grab_UsingBufferFactory	2017/8/11 11:44	文件夹	
Grab_UsingExposureEndEvent	2017/8/11 11:44	文件夹	
Grab_UsingGrabLoopThread	2017/8/11 11:44	文件夹	
Grab_UsingSequencer	2017/8/11 11:44	文件夹	
GUI_ImageWindow	2017/8/11 11:44	文件夹	
include	2017/8/11 11:44	文件夹	
LegacySamples	2017/8/11 11:44	文件夹	
ParametrizeCamera_AutoFunctions	2017/8/11 11:44	文件夹	
ParametrizeCamera_Configurations	2017/8/11 11:44	文件夹	
ParametrizeCamera_GenericParamet...	2017/8/11 11:44	文件夹	
ParametrizeCamera_LoadAndSave	2017/8/11 11:44	文件夹	
ParametrizeCamera_LookupTable	2017/8/11 11:44	文件夹	
ParametrizeCamera_NativeParameter...	2017/8/11 11:44	文件夹	
ParametrizeCamera_Shading	2017/8/11 11:44	文件夹	
ParametrizeCamera_UserSets	2017/8/11 11:44	文件夹	
Utility_GrabAvi	2017/8/11 11:44	文件夹	
Utility_Image	2017/8/11 11:44	文件夹	
Utility_ImageFormatConverter	2017/8/11 11:44	文件夹	
Utility_ImageLoadAndSave	2017/8/11 11:44	文件夹	
HowToBuildSamples.txt	2016/7/20 14:59	TXT 文件	1 KB
PylonSamples_1394.sln	2016/7/20 14:59	Microsoft Visual...	18 KB
PylonSamples_CameraLink.sln	2016/7/20 14:59	Microsoft Visual...	5 KB
PylonSamples_GigE.sln	2016/7/20 14:59	Microsoft Visual...	21 KB
PylonSamples_Usb.sln	2016/7/20 14:59	Microsoft Visual...	18 KB

图 12 -22　SDK 案例

12.3　利用 OpenCV 完成图像处理

```
#include〈iostream〉
#include"opencv2/highgui/highgui.hpp"
#include"opencv2/imgproc/imgproc.hpp"

usingnamespace cv;
usingnamespace std;

int main(int argc, char * * argv )
  {
```

```
        Mat srcImage =imread("1.jpg");
        Mat dstImage;
        Mat imgThreshold;
        Mat canny_output;
        RNG rng(1234);
        String string1;
        double g_dConArea =0;
        vector<vector<Point>> contours;
        vector<Vec4i> hierarchy;
        namedWindow("【原始图】", CV_WINDOW_AUTOSIZE);
        imshow("【原始图】", srcImage );
        //将色彩空间由"RGB"转换为"HSV"
        //cvtColor(srcImage,dstImage,COLOR_BGR2HSV);
while(true)
{
        //提取红色(8bit 图)
          inRange(srcImage,Scalar(60,50,150),Scalar(110,100,200),imgThreshold);
        //开操作(去除一些噪点)
          Mat element = getStructuringElement(MORPH_RECT, Size(5, 5));
          morphologyEx(imgThreshold, imgThreshold, MORPH_OPEN, element);
//闭操作(连接一些连通域)
          morphologyEx(imgThreshold, imgThreshold, MORPH_CLOSE, element);
          blur(imgThreshold, imgThreshold, Size(3,3) );
// 用 Canny 算子检测边缘
          Canny(imgThreshold, canny_output,3, 9, 3 );
// 寻找轮廓
          findContours(canny_output, contours, hierarchy, CV_RETR_EXTERNAL,
CV_CHAIN_APPROX_SIMPLE, Point(0, 0) );
// 绘出轮廓
          Mat drawing = Mat::zeros(canny_output.size(), CV_8UC3 );
          for(int i = 0; i< contours.size(); i++ )
            {
                Scalar color =Scalar(rng.uniform(0, 255), rng.uniform(0,255), rng.uniform(0,255) );
                drawContours(drawing, contours, i,color, 3,8, hierarchy, 0, Point() );
            }
//计算轮廓的面积
for (int i = 0; i < (int)contours.size(); i++)
        {
            g_dConArea = contourArea(contours[i],false);
            cout <<"【第"<< i <<"个红色轮廓的面积为:】"<< g_dConArea << endl;
        }
    if(g_dConArea >10000)
    {
        string1 ="Red";
```

```
        cout << string1 << endl;
    }
    //提取蓝色(8bit 图)
        inRange(srcImage,Scalar(200,20,0),Scalar(255,80,20),imgThreshold);
    //开操作(去除一些噪点)
        morphologyEx(imgThreshold, imgThreshold, MORPH_OPEN, element);
//闭操作(连接一些连通域)
        morphologyEx(imgThreshold, imgThreshold, MORPH_CLOSE, element);
        blur(imgThreshold, imgThreshold, Size(3,3) );
// 用 Canny 算子检测边缘
        Canny(imgThreshold, canny_output,3, 9, 3);
// 寻找轮廓
        findContours(canny_output, contours, hierarchy, CV_RETR_EXTERNAL,
CV_CHAIN_APPROX_SIMPLE, Point(0, 0));
// 绘出轮廓
        for(int i = 0; i< contours.size(); i++ )
          {
            Scalar color =Scalar(rng.uniform(0, 255), rng.uniform(0,255), rng.uniform(0,255) );
            drawContours(drawing, contours, i,color, 3,8, hierarchy, 0, Point() );
          }
//计算轮廓的面积
for (int i = 0; i < (int)contours.size(); i++)
        {
          g_dConArea = contourArea(contours[i],false);
          cout <<"【第"<<i<<"个蓝色轮廓的面积为:】"<< g_dConArea << endl;
        }
      if(g_dConArea >10000)
        {
          string1 ="Blue";
          cout << string1 << endl;
        }

    //提取黑色(8bit 图)
      inRange(srcImage,Scalar(40,40,5),Scalar(100,100,70),imgThreshold);
    //开操作(去除一些噪点)
      morphologyEx(imgThreshold, imgThreshold, MORPH_OPEN, element);
//闭操作(连接一些连通域)
      morphologyEx(imgThreshold, imgThreshold, MORPH_CLOSE, element);
      blur(imgThreshold, imgThreshold, Size(3,3) );
// 用 Canny 算子检测边缘
      Canny(imgThreshold, canny_output,3, 9, 3 );
// 寻找轮廓
      findContours(canny_output, contours, hierarchy, CV_RETR_EXTERNAL,
CV_CHAIN_APPROX_SIMPLE, Point(0, 0) );
```

```
// 绘出轮廓
    for(int i = 0; i〈 contours. size( ); i + + )
        {
          Scalar color = Scalar(rng. uniform(0, 255), rng. uniform(0,255), rng. uniform(0,255));
          drawContours(drawing, contours, i,color, 3,8, hierarchy, 0, Point( ));
        }
//计算轮廓的面积
for (int i = 0; i〈 (int)contours. size( ); i + +)
        {
            g_dConArea = contourArea(contours[i],false);
            cout 《"【第"《 i《"个黑色轮廓的面积为:】"《 g_dConArea 《 endl;
        }
   if(g_dConArea >10000)
      {
      string1 ="Black";
      cout 《 string1 《 endl;
      }
// 在窗体中显示结果
      namedWindow("【结果图】", CV_WINDOW_AUTOSIZE );
      imshow("【结果图】", drawing );
     char key = (char) waitKey(300);
if(key = = 27)
    break;
}
}
```


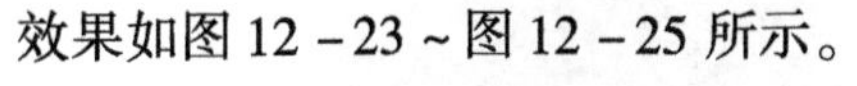
效果如图 12 - 23 ~ 图 12 - 25 所示。

图 12 - 23　基于 OpenCV 的图像处理 (1)

图 12-24　基于 OpenCV 的图像处理 (2)

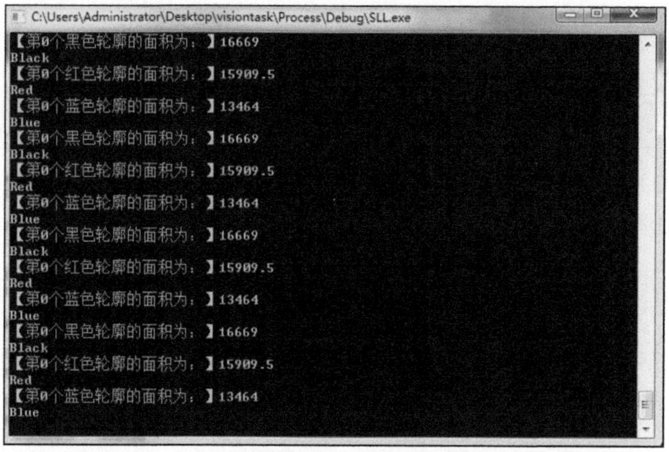

```
C:\Users\Administrator\Desktop\visiontask\Process\Debug\SLL.exe
【第0个黑色轮廓的面积为：】16669
Black
【第0个红色轮廓的面积为：】15909.5
Red
【第0个蓝色轮廓的面积为：】13464
Blue
【第0个黑色轮廓的面积为：】16669
Black
【第0个红色轮廓的面积为：】15909.5
Red
【第0个蓝色轮廓的面积为：】13464
Blue
【第0个黑色轮廓的面积为：】16669
Black
【第0个红色轮廓的面积为：】15909.5
Red
【第0个蓝色轮廓的面积为：】13464
Blue
【第0个黑色轮廓的面积为：】16669
Black
【第0个红色轮廓的面积为：】15909.5
Red
【第0个蓝色轮廓的面积为：】13464
Blue
```

图 12-25　基于 OpenCV 的图像处理 (3)

12.4　完成通信

```
#include〈WinSock2. h〉
#include〈stdio. h〉
#include〈stdlib. h。

#pragmacomment(lib, "ws2_32. lib")

void main()
{
  WSADATA wsaData;  //用于存放 socket 初始化信息
```

```
int port = 8080;
if(WSAStartup(MAKEWORD(2, 2), &wsaData) ! = 0)
{
    printf("Failed to load Winsock");        //返回值不等于0,说明初始化失败
    return;
}
//创建用于监听的套接字
SOCKET sockSrv = socket(AF_INET, SOCK_STREAM, 0);  //生成 TCP 套接字 sockSrv
SOCKADDR_IN addrSrv;
//TCP/IP 协议
 addrSrv.sin_family = AF_INET;
//1024 以上的端口号
 addrSrv.sin_port = htons(port);
//IP 地址
 addrSrv.sin_addr.S_un.S_addr = htonl(INADDR_ANY);
//绑定
 int retVal = bind(sockSrv, (LPSOCKADDR)&addrSrv, sizeof(SOCKADDR_IN));
 if(retVal == SOCKET_ERROR){
    printf("Failed bind:%d\n", WSAGetLastError());
    return;
 }

 if(listen(sockSrv,10) ==SOCKET_ERROR){
    printf("Listen failed:%d", WSAGetLastError());
    return;
 }
 SOCKADDR_IN addrClient;
 int len = sizeof(SOCKADDR);

 while(1)
 {
    //等待客户请求到来
    SOCKET sockConn = accept(sockSrv, (SOCKADDR *) &addrClient, &len);
    if(sockConn == SOCKET_ERROR){
        printf("Accept failed:%d", WSAGetLastError());
        break;
    }

    printf("Accept client IP:[%s]\n", inet_ntoa(addrClient.sin_addr));

    while(1)
 {
    char recvBuf[100];
    memset(recvBuf, 0, sizeof(recvBuf));
    //接收数据
    recv(sockConn, recvBuf, sizeof(recvBuf), 0);
```

```
            printf("%s\n", recvBuf);

            if(recvBuf = ="opencamera")
            {
            printf("打开相机\n");
            }

            //发送数据
            int iSend  = send(sockConn, "red", 3, 0);
            if(iSend  = = SOCKET_ERROR){
                printf("send failed");
            //   break;
            }
        }
            //closesocket(sockConn);
    }
    closesocket(sockSrv);//关闭套接字
    WSACleanup();    //释放初始化 Ws2_32.dll 所分配的资源
    system("pause");//让屏幕暂留
}
```

前面提到将计算机作为服务端，机器人作为客户端。通过 TCP/IP 协议，发送一个字符串。这里，可以利用网络调试助手，并将其设置为服务端，来模仿机器人，测试通信是否成功，如图 12－26 所示。

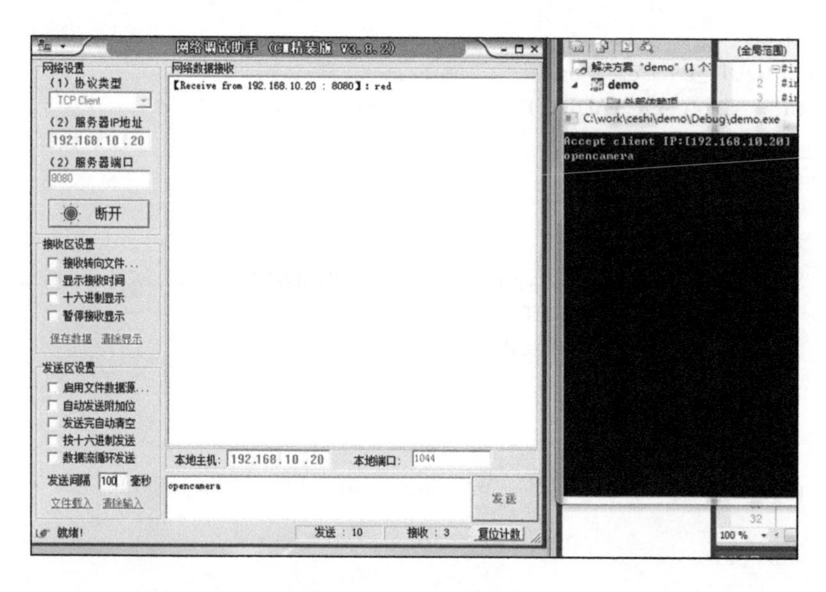

图 12－26　通信测试

从图 12－26 可以看到，机器人端发送“opencamera”，计算机收到后，向机器人发送“red”，机器人端也可收到，通信成功！

参考文献

[1] 毛星云，冷雪飞. OpenCV3 编程入门 [M]. 北京：电子工业出版社，2015.

[2] 陈锡辉，张银鸿. LabVIEW 8.20 程序设计从入门到精通 [M]. 北京：清华大学出版社，2007.

[3] 陈树学，刘萱. LabVIEW 宝典 [M]. 2 版. 北京：电子工业出版社，2017.